国家林业和草原局普通高等教育"十三五"规划教材

木工模型制作与解析
——凳类

CHINESE TRADITIONAL STOOL
MODEL TUTORIAL

王天龙　安大昆　曹友霖　杨婉琦
王　娱　朱超越　沈杨　赵旭

编著

中国林业出版社

图书在版编目（CIP）数据

木工模型制作与解析：凳类 / 王天龙等编著. —北京：中国林业出版社，2018.8

国家林业和草原局普通高等教育"十三五"规划教材

ISBN 978-7-5038-9722-1

Ⅰ．①木… Ⅱ．①王… Ⅲ．①椅—木家具—制作—高等学校—教材 Ⅳ．①TS665.4

中国版本图书馆CIP数据核字（2018）第204590号

国家林业和草原局生态文明教材及林业高校教材建设项目

中国林业出版社·教育出版分社

策划编辑：杜 娟　　　　　　　　　　责任编辑：杜 娟 苏 梅

电　　话：83143553　　　　　　　　传　　真：83143516

出版发行　中国林业出版社（100009　北京西城区德内大街刘海胡同 7 号）

　　　　　E-mail：jiaocaipublic@163.com　电话：（010）83143500

　　　　　http://lycb.forestry.gov.cn

经　　销　新华书店

印　　刷　北京中科印刷有限公司

版　　次　2018 年 8 月第 1 版

印　　次　2018 年 8 月第 1 次印刷

开　　本　787mm×1092mm　1/16

印　　张　10.75

字　　数　207 千字

定　　价　35.00 元

前言
Preface

　　黄河、长江两大流域滋润哺育了我们中华民族，在早期的文明中，坐具就已成为一件非常重要的生活用品。千百年来，人们传承着祖先的"坐"式文明，从席地而坐，随遇而安到垂足而坐，正襟危坐的转变，坐具见证了历史的变迁，史代表着人文精神随社会进步的演变。坐具包括椅、凳，早先称"杌凳""杌子"，"杌"释义为无枝条的树干，想必古人取杌作为小憩休息之所，"凳"本义为"登"，《说文》解释为"上车也"，可见先前为登高之说，多为上马之用，其不似"椅"在使用上有方向之别。如今"凳"的功能主要用于踩踏登高或是临时休息。

　　中华民族文化传承千百年，中国传统家具在中华历史民族文化传承的长河中慢慢沉淀、精炼形成了自己独特的文化标志以及成熟的制造工艺。然而在工业制造发展迅猛的社会条件下，越来越多的传统工艺不再被世人重视，传统手工艺面临失传的危险。然而，中国传统家具以其独特的样式和文化内涵，在历史的洪流下屹立不倒，人们依旧喜欢传统家具的结构样式材质，甚至衍生出新中式家具风格，巩固了传统文化产业的地位。这些有传统元素的家具在家具市场占有一席之地，同时，有很多中国设计师设计的传统元素家具在世界市场上崭露头角。而想要成为一个出色的传统家具设计师，就需要充分了解传统家具结构、样式、材料、制作等各方面专业知识。

　　针对于家具方向学生教学普遍缺乏动手能力培养，市面上传统家具制造工艺的书籍又比较匮乏，实操性差，编者希望通过编写一本家具模型制造的参考书籍来弥补这个空白。传统家具大多数由昂贵木材如紫檀、花梨等制造，在实际的课堂实践中很难为每名学生提供这些材料，然而中国传统家具的结构、材料等学习又非常重要。市面上有很多归纳明清传统家具的工具书，但很少涉及工艺制作，以至于明清家具制造的工艺不能够被大众所熟知，本书以1∶10的模型尺度为读者展示了一系列明清"凳"的零件制作及装配工艺，让广大的爱好者都可以根据教程学习中国传统家具制作的精髓。

　　本书分为两部分，其一是结构及模型制作部分，主要讲述了传统家具"凳"中所用的榫卯结构，并对传统结构进行分类讲解，更好的帮助读者为后续制作、装配打好基础。同时还为读者介绍了相关工具的使用方式和特征，以及制作传统家具的工艺流程细节等。

其二则是汇集了中国传统家具中"凳"的各类经典造型如束腰直方凳、条凳、鼓凳等供读者学习参考。本书除了对"凳"类家具进行了细致的分类介绍外，每件家具都含有三视图、下料单并附各零件的三视图及尺寸。本书不仅有可供参考使用的工艺图纸，同时还包含实物零件照片让读者了解零件样式，最大程度帮助读者理解图纸、绘制出图纸并制造出模型实物。

　　本书可以用于工业设计、环境艺术设计、家具设计与制造专业的课堂教学，亦可以用于传统家具木工爱好者的学习参考资料。

　　本书由王天龙副教授主编，安大昆、曹友霖、王娱、朱超越等共同完成了文稿撰写、模型制作拍照、图纸排版输出核对等工作，杨婉琦、沈杨、赵旭、肖杨在模型制作过程中做了很多工作，大家共同协作使得本书能够如期完成。

　　感谢中国林业出版社对本书出版的大力支持。

　　真诚希望本书可以帮助到喜爱中国传统家具及制造工艺的读者和家具设计、工业设计等领域的专业人员，为教师、学生们提供有意义的帮助和参考，如本书有不妥之处，希望广大读者批评指正。

编者

2018 年 7 月

目录
Contents

01
[传统家具结构]
TRADITIONAL FURNITURE STRUCTURES

02
[工具设备与实例]
TOOLS, EQUIPMENTS & EXAMPLE

03

[凳类家具模型解析]
STOOL MODEL TUTORIAL

01

传统家具结构

TRADITIONAL FURNITURE STRUCTURES

　　榫卯结构是传统家具的灵魂，整套家具不使用一根铁钉，却能使用几百年甚至上千年，在人类制造史上堪称奇迹。榫卯结构是榫和卯的结合，是木件之间多与少、高与低、长与短之间的巧妙组合，可有效地限制木构件向各个方向的扭动。最基本的榫卯结构由两个构件组成，其中一个的榫头插入另一个的卯眼中，使两个构件连接并固定。传统家具结构丰富，接合精妙，很多榫卯结构均由传统建筑结构而来，从内到外都是中华民族精神以及历史的一大传承。本书以"凳"为例，从基础结构讲起，到各种榫卯结构的专有名词的讲解再到按应用部位分类介绍，为设计制造传统榫卯家具提供基础知识的积累。

1.1　榫卯结构基础 Basic Mortise and Tenon Joint Structures Acknowledge

1.1.1　榫头、榫眼各部位名称 Part Name of Structures

　　榫卯是在两个木质零件上所采用的一种凹凸结合的连接方式。凸出部分叫榫（或榫头）；凹进部分叫卯（或榫眼、榫槽），榫和卯咬合，起到连接作用。榫头伸入卯眼的部分被称为榫舌，其余部分则称作榫肩。

　　图 1.1 表示了榫头各部位名称，图 1.2 表示了榫眼各部位名称。熟记这些名称，在制造及设计过程中都非常的方便以及重要。

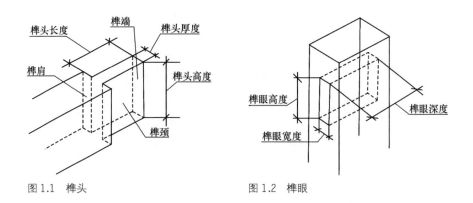

图 1.1　榫头　　　　　　　　　　　　图 1.2　榫眼

1.1.2　根据榫头类型分类 Structures with Different Tenon

　　（1）榫头按照形状分类可以分为直榫（图 1.3）、燕尾榫（图 1.4）和圆榫（图 1.5）。它们不同之处主要是通过榫头截面区分，直榫的榫头截面为直角矩形，并且榫颊与

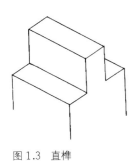

图 1.3 直榫

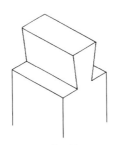

图 1.4 燕尾榫

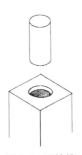

图 1.5 圆棒榫

榫肩相互垂直；燕尾榫的榫头截面则为梯形，且榫端宽大向榫肩方向收缩；圆榫顾名思义是截面为圆形的榫头，但圆榫通常是单独的圆棒榫，没有榫肩。

（2）按照榫肩数量则可以分为单肩榫（图 1.6）、双肩榫（图 1.7）、三肩榫（图 1.8）和四肩榫（图 1.9）。

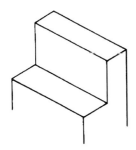

图 1.6 单肩榫
榫头在方材一边只有一个榫肩，适用于较薄的构件。比如椅子中的罗锅枨，为保证罗锅枨不扭动可以采用这种榫肩。

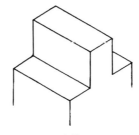

图 1.7 双肩榫
榫头两边都有榫肩，且接合后不易扭动，比单肩榫坚固，一般的家具都用这种方法。大部分结构使用这种榫，有较好的加工性能同时保证结构稳定。

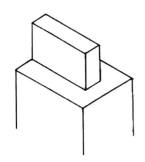

图 1.8 三肩榫
榫头有两个以上的榫肩。这种榫结构通常应用于传统家具中的腿与座面大边、抹头的接合。

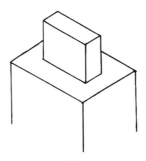

图 1.9 四肩榫
榫头四边都有榫肩，榫卯之间接触面积大，强度大，多用于结构受力较大部位的连接，且装配后更加稳定。

（3）根据榫头数量不同可以分为单榫（图1.10）、双榫（图1.11）和多榫（图1.12）。

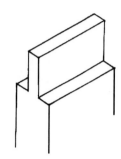

图1.10　单榫
只有一个榫头，用于一般家具。模型制作过程中，多数结构是具有一个榫头，便于加工。

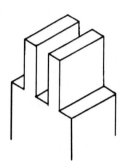

图1.11　双榫
有两个榫头，用于一般家具的接合。较多应用在需要加强结构强度的位置。模型制作中，榫卯接合尺寸已经很少，这种结构较不便加工，也很少使用两个榫头的结构。

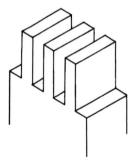

图1.12　多榫
有两个以上的榫头，榫头数目越多，胶合面积就越大，接合强度越高。多用于木箱、抽屉的箱框接合，榫头亦可以是燕尾榫。

1.1.3　根据榫眼类型分类　Structures with Different Mortise

（1）根据榫头端部是否外露能够分为明榫/通榫（图1.13）和暗榫（图1.14）两种。

（2）根据榫头侧面是否外露可以分为开口榫（图1.15）、半开口榫（图1.16）和闭口榫（图1.17）三种。

1.1.4　根据榫头、榫眼结合类型分类　Structures with Different Connections

榫头与榫眼在衔接表面有多种接合方式，按照角度不同分别有直角接缝（图1.18）和斜角接缝（图1.19）两种。

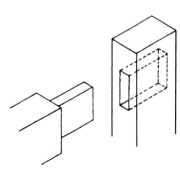

图 1.13　明榫 / 通榫

榫端外露，接合强度很大，但是影响家具的外观和装饰质量，一般用于隐蔽处，或强度低的部位，在模型制作中，为保证椅子的强度，在大边、抹头、腿、枨处均使用明榫。

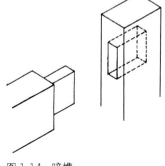

图 1.14　暗榫

榫端不外露，但接合强度弱于明榫，一般用于需保证美观的接合处，在模型制作中，椅腿和搭脑之间、矮老与枨之间、牙子与腿之间的接合为保证美观性我们选择用暗榫接合。

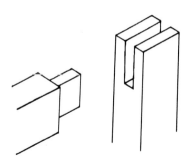

图 1.15　开口榫

榫头侧面外露。

这种榫加工简便，强度较大，但不美观。模型尺度的传统家具由于榫卯接合部位尺寸小，接合强度较低，不利于模型成品的稳定性，同时也不美观，故不适用开口榫，结构设计中应予以避免。

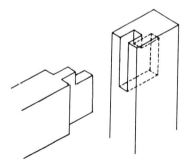

图 1.16　半开口榫

侧面露出一部分，一般为暗榫，即可增加胶合面积，又可防止扭动。

一般用于榫孔方材的一端，能够被制品的某一部分遮盖掩盖的情况下使用，如模型中椅子的下部的罗锅枨与腿足的接合，可以强化结构强度，并且防止罗锅枨扭动。

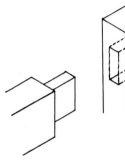

图 1.17　闭口榫

榫头侧面不外露。

这种榫既美观，又能够防止装配时榫头扭动。但是在模型制作过程中，就显得比较复杂，对强度的控制也不好，仅在烟袋锅榫中才用到这种结构。在进行凳子模型结构设计时，腿足与面的接合多采用这样一种结构，保持强度和美观并存。

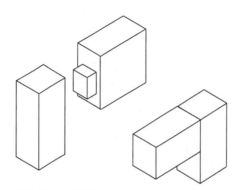

图 1.18　直角接缝

榫头与榫眼的接合缝线成 90° 角，这种接合方式胶合面积大，强度高。但一旦断面露在外面，则非常不美观。凳子模型的设计中搭脑、椅腿、靠背接合，腿足与怅的接合等多数位置采取这样的直角方式。

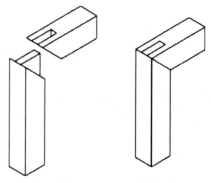

图 1.19　斜角接缝

两根方材接合缝线成 45° 角，可避免端部外露，最主要是外表美观。座面的大边抹头、束腰托泥结构的腿与束腰牙子的接合较多采用。

1.2　凳子座面　Connective Structure of Seat Panel

1.2.1　座面板结构　Seat Panel System

　　凳子座面指承托人体重量的平面，位于凳子整体最上方部位，有一体式和镶嵌两类，一体式指整个座面由一块平板构成，镶嵌式指座面由座面平板、大边及抹头三部分构成。座面形状可以是方形、梯形和圆形。

　　在传统家具中，镶嵌式座面板结构包括座面板嵌入结构及座面攒边结构两部分。座面板嵌入结构是在座面嵌板四周开长榫嵌入大边抹头的预留榫槽中；座面攒边结构是大边抹头围合攒框，并在边抹中留出腿足穿插的卯与腿部进行接合，同时根据凳子造型在边抹下方留出矮老、卡子花、牙板的榫槽，与牙子、卡子花等接合。

　　这种座面板结构有诸多优点：第一，板芯能够容纳在边框之中，薄板即可做座面当做厚板来用，既节省材料又能够保证美观，同时在力学强度上又能够满足使用的要求；第二，这种结构能够隐藏木材的断面，可以让木材最为美观的弦切面纹理全部展示在家具上；第三，边框与板芯中间留有 1～2mm 的空隙，能够减少木材膨胀、收缩时对家具的稳定性造成影响。但其制作工艺较为复杂，且需要较高的制作精度。

　　由于其诸多的优点，得以广泛应用在凳子、椅子、桌子、几案等传统家具中。

1.2.2 座面嵌板 Seat Panel

座面嵌板指凳座面的大边、抹头围合成框后中心嵌入的平面板，采用木材、竹材、石材制作的座面板的尺寸略小于大边抹头围合后的内框尺寸，缝隙为 3～5mm，模型中留缝为 1～2mm；采用藤编、绳编等材料制成的座面板通过编织、打孔系绳结方式与大边抹头固定。不同座面板材料有不同的特点，其中竹材和藤编多用于民间传统家具结构中，材料可塑性高、易得且价格便宜；石材多用于造型比较厚重的家具中，多与较为名贵的木材配合使用。

木材、竹材以及石材通常需要拼接使用，如以下拼合类型：

（1）无榫平板胶合（图 1.20）：座面平板较小不宜开槽或材料不宜做榫卯结构时，可以采用无榫平板胶合的形式来拼合座面平板。如凳子中间石材等运用时，拼接方式多为胶合拼接。

（2）栽榫平板接合（图 1.21）：当座面较厚，且材料不易变形的情况下，可以用一个小方榫，平板衔接面打榫眼通过一定的摩擦力来固定座面平板。

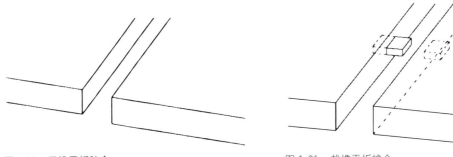

图 1.20 无榫平板胶合   图 1.21 栽榫平板接合

（3）直榫榫槽平板接合（图 1.22）：这种接合方式主要是通过打榫槽和另一块平板制作榫舌进行拼接，较常用，强度好，可以在一定程度上预防材料的变形，但是制作起来比较麻烦，模型中由于尺度原因，座面平板不采用。

（4）龙凤榫平板接合（图 1.23）：榫舌的截面为半个银锭榫的样式为梯形，榫槽开口小逐渐向内部扩大，这种接合方式强度非常大，不易拉开，并且可以防止接口由于变形上下翘裂。

（5）龙凤榫加穿带（图 1.24）：与榫槽横着穿木条。木板背面的带口及穿带的梯形长榫均一端稍窄，一端稍宽，贯穿牢固可以防止拼板翘弯。这种结构在凳子中主要是用来固定比较长的长凳防止其翘曲变形。

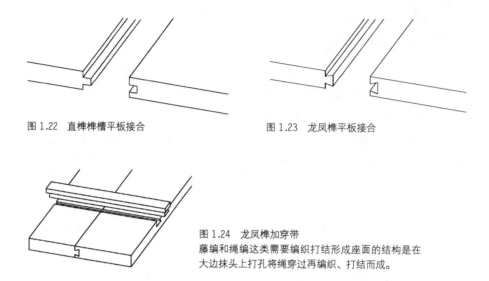

图 1.22　直榫榫槽平板接合　　　　　图 1.23　龙凤榫平板接合

图 1.24　龙凤榫加穿带

藤编和绳编这类需要编织打结形成座面的结构是在大边抹头上打孔将绳穿过再编织、打结而成。

1.2.3　座面攒框结构 Framework Structure in Seat Panel System

　　攒框结构连接着座面平板及腿足、牙子、矮老等，攒框结构影响着凳子的造型和细节。攒框结构由大边、抹头构成，其中大边（图 1.25）为有大小榫舌的制作方框攒边长边的部分；抹头（图 1.26）为拥有配合榫舌形状的榫槽的制作方框攒边短边部分。

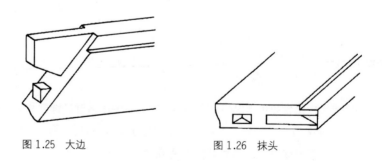

图 1.25　大边　　　　　　　　　　图 1.26　抹头

　　攒框结构的大边抹头角接合方式包含明榫角接合（图 1.27）和暗榫角接合（图 1.28）：在实际情况中，作为座面来讲的结构几乎支撑整个凳子的受力，因此常用明榫角接合来制作边抹攒框结构。

　　攒框装板具体结构根据不同座面形状，大边、抹头合口处也有不同的处理方式，以下分别为方形、梯形和圆形攒框结构。

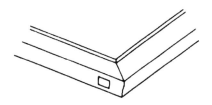

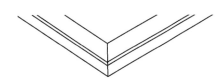

图 1.27　边抹明榫角接合　　　　　　　图 1.28　边抹暗榫角接合

（1）方形：方形攒框通常为保证美观，选用斜角接缝（图 1.19）的形式连接大边、抹头，边抹合口处出格角结构，各斜切成 45°角。

① 拦水线下打槽装板（图 1.29）：图示为未放板芯可见拦水槽，边框起拦水线，在拦水线下打槽装板，容纳板芯的榫舌，这种做法将边框压在板芯之下，看不见板芯和边框之间的缝隙，故表面显得整洁。

② 四边形攒边打槽装板（图 1.30）：最常见的椅座面攒框结构，用格角榫攒框，边框内侧打槽，容纳板芯内侧的榫舌。若面板过大需要拼合，则在大边槽下凿眼，以备板芯的穿带纳入。

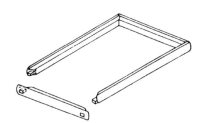

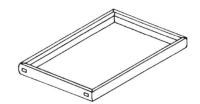

图 1.29　拦水线下打槽嵌板

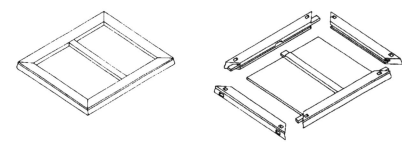

图 1.30　四边形攒边打槽装板

（2）梯形：扇形座面攒框与方形结构基本相同，只是形状为梯形，俯视图上看座面前宽后窄，其边抹相互接触的角部角度相等（图1.31）。

（3）圆形：圆形座面为圆形攒框，边抹为圆环中的一段弧形，合口处直线通过圆心。圆形的边框可以分成四段（图1.32），也可以是三段。采用楔钉榫或逐段嵌夹法攒接。每段都是一端开口，一端出榫，逐一嵌夹，形成圆框。其打槽、装板、凿眼、安带等与方形边框基本相同。在圆凳中的应用非常经典，同时也用于圆几的制作。

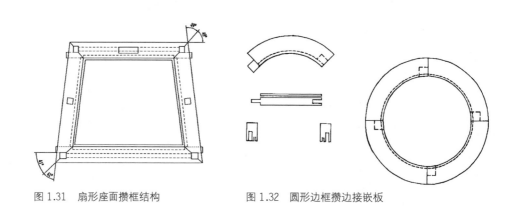

图1.31　扇形座面攒框结构　　　　　图1.32　圆形边框攒边接嵌板

1.3　凳座面与腿部接合 Connective Structure between Panel and Leg

1.3.1　有束腰结构 Waist Structure

（1）腿足与束腰上截平齐（图1.33）：足顶端的长短榫、上部的抱肩榫都与有束腰的结构相同，只是两榫之间的距离拉长，出现一根短柱，并开槽口，以备嵌装束腰两端的榫头。束腰的上边嵌装在抹边底面的槽口中，下边则嵌装在牙条上边的槽口内。如束腰下有托腮，则嵌装在托腮的槽口内。

（2）腿足高出束腰上截（图1.34）：束腰与腿足拍合后，束腰的外皮比腿足缩进一些，而且腿足的上部比束腰高出一些，形成短柱。有的在抹边与托腮之间安一些短柱，将束腰分隔成段，形成一块块的绦环板。

（3）形成束腰造型主要是有两种结构形式：一种是抱肩榫结构（图1.35）；另一种是齐牙条结构（图1.36）。

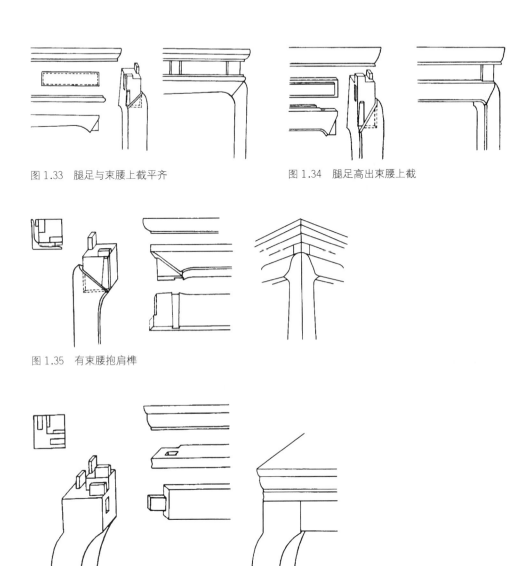

图 1.33　腿足与束腰上截平齐

图 1.34　腿足高出束腰上截

图 1.35　有束腰抱肩榫

图 1.36　齐牙条

① 抱肩榫结构：在束腰的部位下方切出 45°斜肩并开三角形榫眼，以便与牙子的 45°斜尖及三角形的榫舌贴合。斜肩上有的还留做挂销，与牙子的槽口相挂，有束腰的椅子通常采取这种结构来做束腰。

② 齐牙条结构：多数用在炕桌上，一般在腿足肩部雕兽面，足下端雕虎爪，牙条出榫，插入兽面旁侧的榫眼内，如果牙条和束腰是两木分做的，则在腿部上端要留四个榫头，两个与两根束腰上的榫眼拍合，两个与桌面底面的榫眼拍合。

1.3.2　无束腰结构 Without Waist Structure

　　无束腰结构的凳大多造型素面为主，气息淳朴流畅，有些凳子还会用罗锅枨、裹腿枨、卡子花等进行装饰和固定。

　　有些无束腰杌凳四足做"侧脚"，上端内收、下端外撇，在《鲁班经》中称之为"梢"结构，京中匠人称其为"挓（zhā）"，意为向外张开之意。家具中正面有侧脚叫"跑马挓"，侧面有侧脚叫做"骑马挓"，正面、侧面都有侧脚成为"四脚八挓"。

　　（1）无束腰的杌凳，腿部与面接合会采用长短榫（图1.37）。在面的底部开榫眼，榫眼在大边深，在抹头上浅，为的是避开大边上的榫子。这两个榫眼与腿子顶端的"长短榫"拍合。裹腿做枨的杌凳在面的边、抹位置会加"垛边"，垛边两端配合面凿榫眼，使腿穿过垛边与面结合，因此裹腿枨中长短榫会较长。

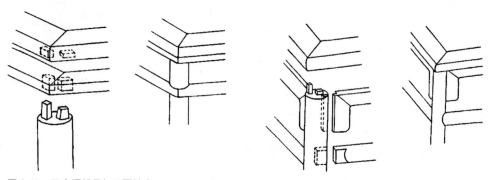

图1.37　无束腰腿足与凳面结合

　　（2）粽角榫结构（图1.38）是常用角部结构，它使用三根方材结合，每一个角的三面都为45°格角，近似粽子的造型。在凳子的座面腿部结合上，也可以借用，通过一定改良，可打槽装板，即为板槽粽角榫结构（图1.39）。这种造型用于凳子整齐美观，但是不够牢固耐用，对用料比较考究。

　　（3）除长短榫结合面与腿、牙子外，还有四面平结构（图1.40），这种结构不同于粽角榫，这种四面平结构有点类似抱肩榫，但是牙条与腿没有凹槽配合，这种结构的面子是攒边打槽装板结构。可以不用鳔，支架可装卸，但是制作必须精良才能够支持多次拆卸。四面平杌凳有两种造法：一种是如图1.40所示加栽榫的方法；另一种是外部造型似粽角榫均为45°格角相接的形式。

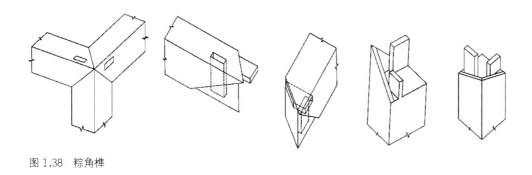

图 1.38　粽角榫

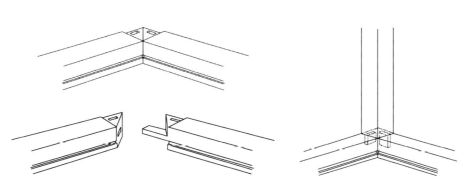

图 1.39　板槽粽角榫

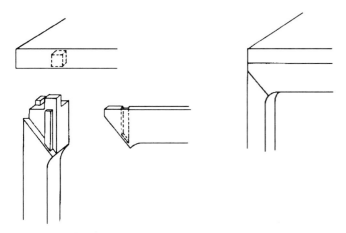

图 1.40　四面平结构

（4）鼓腿彭牙结构（图 1.41）。"鼓腿"是腿向外鼓出的意思，"彭牙"是牙子向外彭出的意思。牙子可做壶门式轮廓、海棠式轮廓造型。这种造型出现在宋代及更早的绘画中，通常为圆凳（图 1.42），也有偶见方凳。通常用插肩榫、抱肩榫为基础改良的结构。腿底部可接托泥，也可直接与地面接触。

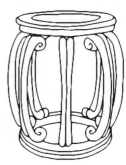

（a）圆凳　　　　　　　　　　（b）方凳　　　　　　　　　　　　　图 1.42　八足圆凳

图 1.41　束腰鼓腿彭牙结构

1.3.3　板支撑结构 Plank Support Structure

使用燕尾榫或直榫结构来做板支撑结构，如琴桌琴凳（图 1.43），多为常见。

两板角部拼接结合可以采用明榫（图 1.44）、半明榫（图 1.45）或暗榫（图 1.46）。结构大同小异，只是随榫接合部位裸露减少，制作难度加大。

在传统家具结构中，抽屉箱体等均可采用直角支撑拼合结构。

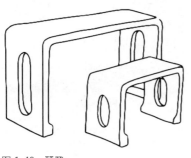

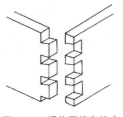

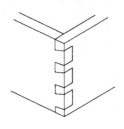

图 1.43　琴凳　　　　　　　　　　　　　图 1.44　明燕尾榫角接合

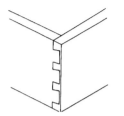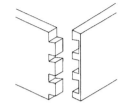

图 1.45 半明燕尾榫角接合

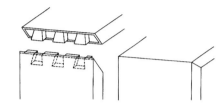

图 1.46 暗燕尾榫角接合

1.3.4 牙子固定结构 Corner Fixation Structure

角牙在视觉效果上是增加美观，提供一些装饰效果，而在结构上，角牙也具有增强结构力学性能的作用。牙子与座面与腿接合固定。

（1）在横竖材上开大槽（长槽）来嵌牙子 [图 1.47 (a)]。

（2）另外还有一边入槽，一边使用栽榫与横竖材上的榫眼结合 [图 1.47 (b)]。

（3）两边分别是栽榫的方式与横竖材结合（图 1.48）。

（4）使用栽榫、卡子花来固定枨和座面（图 1.49）。这种结构既起到装饰作用，又能够帮助固定枨与座面整体结构的稳定。

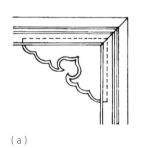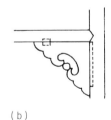

（a）

（b）

图 1.47 开槽固定角牙

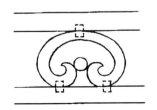

图 1.48 两边栽榫牙子固定

图 1.49 栽榫卡子花固定

1.3.5 板条、牙子结合支撑结构 Support Structures between Batten Moulding and Corner Fixation

牙条之间的接合主要指的是牙条角部的接合，通常有以下几种方式：揣揣榫（图1.50）、嵌夹式接合（图1.51）、合掌式接合（图1.52）、插销式接合（图1.53）。

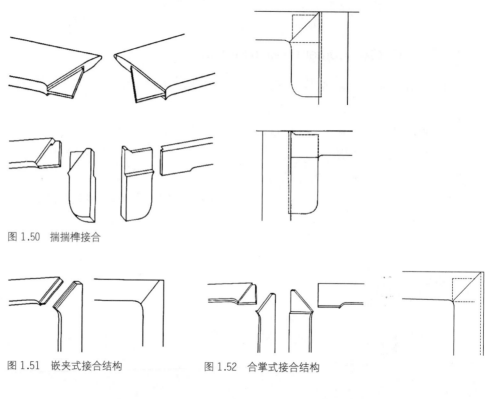

图 1.50　揣揣榫接合

图 1.51　嵌夹式接合结构　　　　　图 1.52　合掌式接合结构

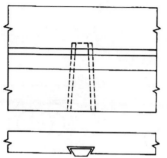

图 1.53　插销式板条接合结构

（1）揣揣榫：两牙子各出一榫头，互相展纳的都可以称为"揣揣榫"，有的正、背两面格肩，两榫头都不外露，这种造法很考究，我们的模型中也可采用这种方式，但对手工要求比较高。

（2）嵌夹式：两榫格肩相交，但只有一条出榫，另一条开槽接榫。

（3）合掌式：两榫格肩相交，两条各留一片，合掌相交，是清代以来粗制滥造的做法，会使得家具结构显得很粗糙。

（4）插销式板条接合结构：两条格肩，各开一口，插入木片，以穿销代榫。多用于圆座墩牙条与腿足结合。凳子结构中不常见。

1.4　凳腿与枨接合 Connective Structures between Leg and Crossarm

1.4.1　不裹腿结构 Without Legging Structure

横枨不在腿外侧有相连接的部分，则为不裹腿结构。通过横材竖材的形状有详细的划分。

（1）横竖材粗细相同（图1.54）：横枨裹着外皮做肩，榫头留在正中。矮老与罗锅枨的接合结构多是如此（图1.55）。

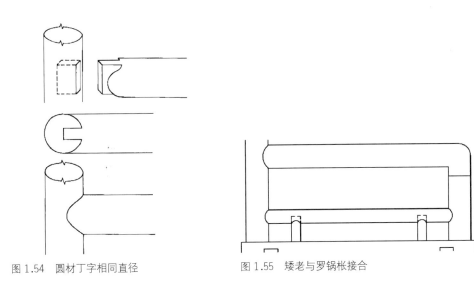

图 1.54　圆材丁字相同直径　　　　　　　图 1.55　矮老与罗锅枨接合

（2）横材比竖材细：这中间也有两种形式：一种是不交圈（图1.56），枨裹着外皮做肩，但外皮退后，和腿足不在一个平面上，榫头留在圆形凹进部分的正中。多应用在横枨与腿的结合。另一种是交圈（图1.57），横材的外皮与竖材的外皮要在一个平面上，横材的端部裹半留榫，外半作肩。这样的榫肩下空隙较大，还有"飘肩"或"蛤蟆肩"之称。多应用于腿枨截面为圆形的管脚枨和腿足的相交处。

（3）方材接合的形式主要是不需要倒角的方腿和扶手之间的接合，多采用直角榫接合。

①　交圈：包含大格肩和小格肩（图1.58），其中大格肩还包括实肩（图1.59）和虚肩（图1.60）两种。

② 不交圈：当竖材两方向须接同一高度横材时，可以采用方材丁字接合的榫卯大进小出的结构（图1.61）。齐肩（齐头碰）（图1.62）主要应用于横竖材一前一后不交圈

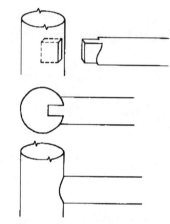

图1.56　圆材丁字不同直径

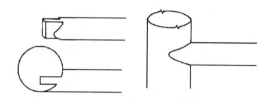

图1.57　圆材丁字外皮交圈结构

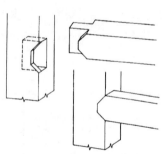

图1.58　方材小格肩丁字接合
格肩的尖端切去，这样在竖材上做卯眼时
可以少剔去一些，以提高竖材的坚实程度。

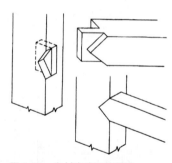

图1.59　方材实肩丁字接合
格肩部分和长方形的榫头贴在一起，加工相比于小
格肩和虚肩都更好加工，但强度不如虚肩。

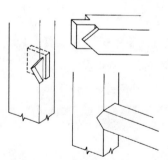

图1.60　方材虚肩丁字接合
格肩部分和榫头之间有开口，加工较复杂，
但由于增大了接触面积，结构更加稳固。

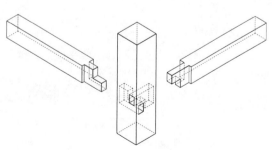

图1.61　方材同高双枨丁字接合

时；腿足为外圆裹方而枨子为长圆。不交圈是模型制作中多采用的接合方式，便于加工，误差小。

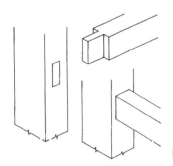

图 1.62　方材榫卯齐肩膀丁字接合

1.4.2　裹腿结构 Legging Structure

裹腿枨又名"裹脚枨"，多用在圆腿的家具造型中，若用在方腿家具，则需要倒角才能够完成。裹腿枨的表面高出腿部表面，两横枨再转角处相交，样貌好似横枨将腿足包裹起来。通常使其丁字相接（图 1.63），也可榫角相接（图 1.64）。

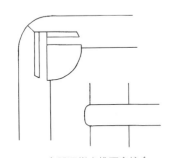

图 1.63　裹腿两枨出榫丁字接合

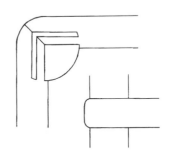

图 1.64　裹腿两枨出榫角接合

1.4.3　腿、面共同支撑横枨结构 Structure Supported by Leg and Panel

（1）勾挂垫榫：霸王枨与腿足结合的榫卯结构，榫头向上勾，制成半个燕尾榫，榫眼下大上小，而且向下扣，榫头从榫眼下部大口处纳入，向上一推，便勾挂住了，下面的空当再垫塞木楔，枨子就被挡住，安装牢固。在方形家具中，霸王枨由于枨段集中，便在它的上端聚头处，用方形木块剔挖四个缺口，定在面板穿带之下，将枨子固定。

（2）钩挂榫霸王枨：分为使用钩挂榫将枨与腿部接合和销钉使枨与面板下部穿带接合两部分。多用于桌等的面板较大的家具结构，也可用于椅榻的腿足与面的固定，但不常见。

（3）霸王枨与面子接合：上端托着面芯的穿带，用销钉固定（图1.65）。

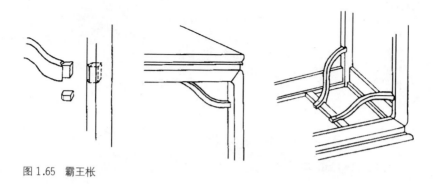

图1.65　霸王枨

1.5　腿与底部承托构件接合 Connective Structures between Leg and Bottom Framework

托泥与腿足的接合有以下几种方式，分别为直榫（图1.66）、斗形榫（图1.68）。

（1）四方形托泥直榫入［图1.66（a）］：托泥的四角凿眼，容纳腿足底端的榫头，类似椅腿贯穿座盘的结构。榫头由腿足出头连做，纳入托泥四角的凿眼中。

也有腿足间嵌板、牙条接合结构，如图1.67，腿足下端出两榫，托子凿出榫眼与之配合，在腿足中间再开槽装板，形成侧面的装饰结构。

（2）圆形托泥直榫入［图1.66（b）］：托泥的凿榫眼，容纳腿足底端的榫头，腿部造型后再腿足底端由腿足出头连做，纳入托泥的榫眼中。

（3）斗形榫（图1.68）：腿足底端的方形榫头切成上大下小的斗形式样，托泥在抹头上凿剔与斗形榫头相适应的榫眼，但一面敞开，榫头由此平移套装。待托泥的大边与抹头拍合后，便将榫头关闭在榫眼之中，这种结构除非将托泥拆散，否则无法将腿足从托泥中拔出，结构比较结实。

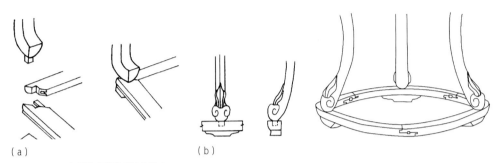

（a） （b）

图 1.66 四方形和圆形托泥直榫入

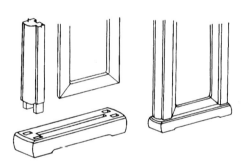

图 1.67 腿足与托子攒框接合

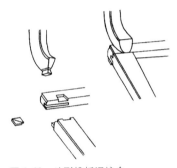

图 1.68 斗形榫托泥接合

工具设备与实例

TOOLS，EQUIPMENTS & EXAMPLE

　　模型家具的制作由于其尺度不同，考虑其加工性，与1:1比例家具制作方法、使用材料和工具设备都不尽相同：在制图上，要保证榫卯结构有一定的强度，需要对榫卯结构留有一定尺寸，不能按照1:1的比例直接缩小尺寸；在制作材料上可选用花梨木、紫檀木、鸡翅木、楠木、乌木、黄杨木、樟木、柞木等纹理美观、材性适中的硬木；在工具设备上，需要选较精准、较小尺寸的工具来获得更加准确的加工尺寸。

　　本章向读者介绍实用的工具设备及其使用注意事项，其中包括手工加工工具及机械加工工具，并以实例说明的方式来向读者介绍木工模型凳类的加工工艺。

2.1　手工工具 Manual Tools

2.1.1　手工锯 Junior Hacksaw

　　手工锯是一种小型木工工艺品加工时使用的锯，其特点在于使用方便、灵活，更换锯条也较为方便，其中包含锯切直线的手工锯（图2.1）和曲线锯（图2.2），曲线锯锯条具有各个方向都能进行锯切的特点，可以加工一些特异形图形，直线锯就只能加工直线。

图2.1a　可换锯条手工锯

图2.1b　带把手手工锯

图2.2　曲线锯

　　一般情况下使用直线锯对零部件进行加工需要先确定要锯切的位置，逆齿向下划出，锯条与锯切位置成45°角左右，使用时不能锯切速度过快，否则会因锯条摩擦剧烈发热使锯条弯曲。使用曲线锯要注意锯条安装的松紧适中，锯条与部件成90°角，同样锯切速度不能过快，以免锯路跑偏和锯条的发热损坏。

2.1.2 手工刨 Hand Plane

手工刨是一种用来平整木材表面，使得木材表面达到一定光洁程度和获得精准尺寸的主要工具之一，其由刨刀、刨身、楔木、手柄、盖铁等部分构成，刨刀由金属锻制，刨身由木材制成。手工刨的种类繁多，包括平面刨、外圆刨、内圆刨、线刨、槽刨、曲面刨等多种。其中平面刨（图2.3）是使用最多的一种刨削工具，主要用以刨削木材平面。还有一种手柄像鸟的翅膀一样的曲面刨，俗称"鸟刨"（图2.4），用来刨削曲面构件。

图2.3 平面刨

图2.4 曲面刨

木料每次刨削的厚度不要超过1mm，否则容易卡住，另外木料过短也不利于压刨的进行，建议将同截面尺寸的零件长度合并，先进行压刨后再锯截。

在平面刨使用的过程中，注意推刨要点：左右手的拇指压住刨刃的后部，食指伸出向前压住刨身，其余各指及手掌紧捏手柄（图2.5）。刨身要放平，两手用力均匀。向前推刨时，两手大拇指需加大力量，两个食指略加压力，推至前端时，压力逐渐减小，至不用压力为止。退回时用手将刨身后部略微提起，以免刃口在木料面上拖磨，容易迟钝。

保养需要注意：手工刨的刨刃主要由铸铁制造，为预防生锈，要在暴露的铁质部件上涂一些茶油。如果要长期存放在潮湿的环境中，需用抹布或麻袋包裹住。

图2.5 平面刨使用示意图

2.1.3 木锉 Wood Rasp

木锉用来锉削构件的孔眼、棱角、凹槽或修整不规则的表面。我们木工加工时通常使用木锉，主要用于修正弧形、弯曲型和不规则表面的木构件和其他切削刀具不能用的地方。木锉在使用时都装有手柄。按照木锉表面粗糙度不同（图2.6），可分粗磨加工和细磨加工；按其形状不同，分为平锉、圆锉、扁锉等（图2.6a），其具有不同的大小规格以及不同的粗糙度，应该根据要加工的产品规格选择合适的木锉。

使用时应注意木锉粗糙面与工件之间的角度及接触面积的控制以达到加工目的。根据模型大小，基本使用规格在 3mm 以内。粗木锉锉削能力强，使用时应该注意力度，以免锉削过量。木锉在不用时应用钢丝刷将齿间木屑清除干净，或使用加水打磨方法，以延长锉刀的寿命。

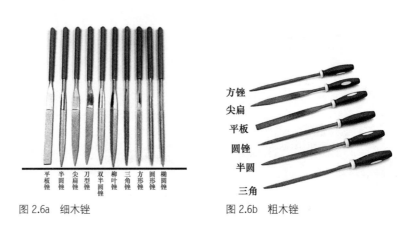

图 2.6a　细木锉

图 2.6b　粗木锉

2.1.4　夹具 Clamp

夹具是作为固定零件的一种工具，可以保证在对零件进行加工的时候使零件处于固定，对其进行加工，提高加工的便捷性与加工精度。夹具种类多样，有 A 形夹（图 2.7）、G 形夹（图 2.8）、F 形夹（图 2.9），台钳（图 2.10）、平口钳（图 2.11）等用于不同的固定情况，其中 A 形夹、G 形夹、F 形夹用于零件装配过程中零件之间固定，台钳和平口钳用于固定零件以便对零件进行加工。模型制作时，使用台钳有利于加工零件的精确度，也节省力气。

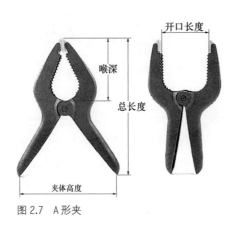

图 2.7　A 形夹

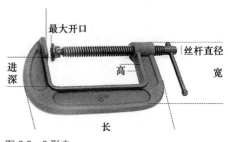

图 2.8　G 形夹

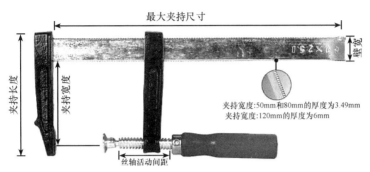

图 2.9 F 形夹

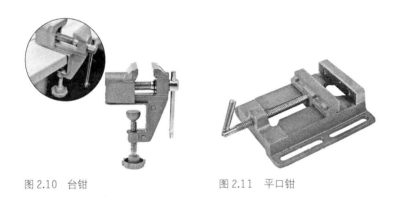

图 2.10 台钳   图 2.11 平口钳

　　将台钳下部固定在台面上，上部固定零件，需要注意的是，固定零件的时候不可以拧得过紧，否则会使较软的木材变形劈裂，建议在零件与钳口间加一层薄片木材或布，缓解钳口对零件的压力。

2.1.5 量具 Measure

　　量具包括测量角度线和平直线两种，其中直尺（图 2.12）、游标卡尺（图 2.13）可以测量平行垂直线长度、位置，直角尺（图 2.14）、角度尺（图 2.15）用以测量和绘制角度线。

　　直尺主要用来在下料的过程中量取合适长宽厚度的木料，并且在划线的过程中，使用直尺选取大致范围；游标卡尺是在进行划线和刨切的时候进行进一步更精确的测量，以保证加工精度；直角尺是在画垂直线的时候使用，使用方法是将手柄与零件取齐后再画垂直于零件边线的直线；角度尺是在进行一些有角度的零件加工的时候划线使用的，对于一些斜切，如大边抹头互余配合的角度等都需要使用角度尺进行划线。

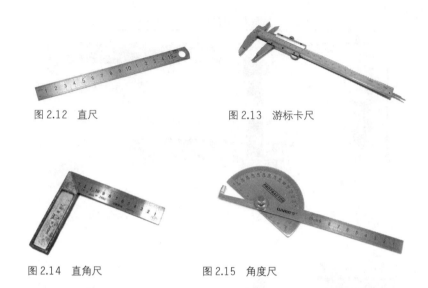

图 2.12　直尺　　　　　　　　　　图 2.13　游标卡尺

图 2.14　直角尺　　　　　　　　　图 2.15　角度尺

2.1.6　划线器 Mark Scraper

　　划线器包括平行划线器（图 2.16）、曲线划线器（图 2.17）。

　　平行划线器能够用于画平行线从而保证榫卯结构尺寸一致；曲线划线器用于画靠曲线边偏移同距离的曲线。划线器上有两个旋钮螺丝，能够调节划线杆的长度，从而调整划线距离，划线杆端部一般有孔可将螺丝或笔芯等穿过固定，从而划线。

图 2.16　平行划线器

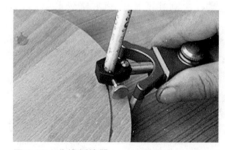

图 2.17　曲线划线器

2.1.7　手工钻 Manual Drill

　　手工钻（图 2.18）通过手的压力对木料进行简单的钻孔并有修饰卯眼的功能。手工钻分为钻柄和钻头两个部分，使用时根据钻眼的大小选择相应的钻头固定在手柄上，

图 2.19 为使用方法示意，注意向下钻眼时候的力度适中，太细的钻头要注意避免断掉，旋转方向为顺时针方向。

图 2.18 手工钻   图 2.19   手工钻使用示意

2.1.8 刻刀 Nicking Tool

刻刀（图 2.20）的作用是把由钻头打出的圆孔修成方孔，刻刀主要使用木刻刀，根据模型尺寸，我们基本选用规格在 3mm 以内的刻刀。使用时要注意刀刃与工件的角度为30°～45°，用力方向顺着木纹方向，用力大小适中，避免刀刃磨损。

2.1.9 手持电动打磨机 Hand Electric Grinding Machine

电动手工打磨机（图 2.21）是一种小型的用于工件的打磨、抛光、雕刻、塑形加工的机器，其机身像一支笔，可以握在手里，通过更换机器的打磨头可以进行各种功能的切换，是一种多功能的机器，操作灵活便捷。

图 2.20 小尺寸刻刀   图 2.21 电动手工打磨机

电动打磨机可以有效地缩短打磨时间，增加打磨精度，实现更好的加工效果。

使用时应注意：在使用前，一定要在关机的状态下把磨头安装好（使用的磨头直径应小于 3mm），安装时注意磨头要同心垂直，然后按住刹车销，用扳手把磨头锁紧，最后再接通电源使用；在使用过程中，机器的连续使用时间不要超过 20min，若超时，请及时停机冷却机器，并且在使用过程中不要用力过大，以免造成转速下降，若出现此类情况，应及时减少用力，以免造成电机损坏。

2.2　材料 Materials

2.2.1　打磨砂光材料 Polishing Materials

打磨砂光材料（图 2.22）主要是指砂纸俗称砂皮，是一种可供研磨用的材料，砂纸有很多种分类，在木工行业内，可使用干磨或湿磨砂纸。湿磨是在打磨过程中不断加水进行打磨，可以更好地将表面打磨光滑，但对砂纸背层材料有要求，需要耐水纸或无纺布等材质才可以进行湿磨。砂纸的背面有纸［图 2.22（a）］，无纺布［图 2.22（b）］，还有一种海绵砂［图 2.22（c）］，是将沙粒附着在海绵上；无纺布面为底的砂纸使用时间较长，并且可弯曲使得打磨角度更自由，海绵砂由于较厚软，手感较佳，适合长时间打磨，并能够有效打磨曲面。

（a）耐水砂纸　　　　　　　　　（b）无纺布砂布　　　　　　　（c）海绵砂
图 2.22　打磨砂光材料

砂纸的单位是目，目数指在单位面积内沙粒即颗粒的数量多少，也就是说，目数越大的砂纸越光滑，打磨出来的面就越细腻；目数越小则越粗糙，所以打磨的时候是有一定顺序的，即从目数小的砂纸开始打磨。

砂纸在使用的时候最需要注意的地方在于，打磨时需要按照目数的递增来进行打磨，不可以跨度过大，否则目数大的砂纸是无法将之前的痕迹打磨光滑的。目数在 1000 以下的砂纸主要是进行塑形和光滑表面，1000 以上的砂纸则是对被加工件进行抛光美化。

模型制作打磨可以选择 120 粗砂，300，600，1000，1500，2000 逐级递增的目数进行打磨。

2.2.2　木蜡油 Nature Coating

木蜡油的原料主要以梓油、亚麻油、苏子油、松油、棕榈蜡、植物树脂及天然色素融合而成，调色所用的颜料为环保型有机颜料。因此它不含三苯、甲醛以及重金属等有毒成分，没有刺鼻的气味，可替代油漆的纯天然木器涂料。木蜡油能完全渗入木材中，因此和有漆膜存在的传统油漆在外观上截然不同，表面呈开放式纹理效果，不同的木料能带来不同的真实触感，而且可以局部修复和翻新而不留痕迹，施工也非常简单，只需涂擦一到两遍即可，同时也不会对施工人员的健康造成伤害。

木蜡油（图 2.23）有液体［图 2.23（a）］和膏状［图 2.23（b）］两种形态，按照涂饰顺序有底油和面油两种。

木蜡油的使用方法非常简单，清理木材表面并将打磨到 300 目光滑度后，用棉布或海绵轻轻蘸木蜡油底油顺木纹反复涂抹，擦去表面多余的蜡油直到手摸无油的状态后，风干 48h，保证含水率在 20% 以下，用 600 目砂纸再抛光后，上木蜡油面油，然后通风干燥后即完成，可在之后再进行棉布用力踩来抛光。

木蜡油需要保持密封、常温干燥状态保存。

（a）液体木蜡油   （b）膏状木蜡油

图 2.23　木蜡油

2.3　机械设备　Equipments

2.3.1　圆锯机　Woodworking Circular Saw

　　圆锯机是利用圆锯片的回转运动锯切木材和木质材料的机械。广泛应用在原木、板材、方材等的锯割加工工序中。我们的模型制作过程中使用的圆锯机（图2.24）为手工进给式，是纵向圆锯机的一种，用于毛料加工。

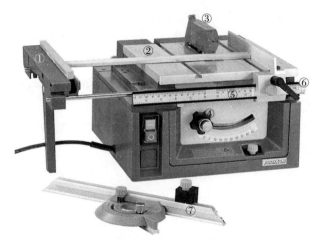

图 2.24　小型圆锯机
①可伸缩台面　②双 T 型槽平面工作台　③锯片保护装置
④调节旋钮　⑤刻度尺　⑥精密微调螺旋　⑦角度规和限位装置

　　使用方法是先确定好需要被加工零件的锯割厚度，调节锯片高度，之后根据被加工零件的加工角度和方向调节锯片角度和靠尺角度，然后两手压好工件向前推出，完成锯割加工。

　　在使用过程中要注意身体不要位于锯片轴线，以免木料蹦出弹伤自己，并且在使用前要充分了解机器的使用方式，例如如何调节锯片高度、角度，如何调节靠尺，锯切过程中注意靠尺位置，不要在加工的时候破坏靠尺，加工过程中工件要按压牢靠，不要左右移动，并且完成一次加工后要关掉电源，使锯片停止转动后再离开。

2.3.2　曲线锯　Sweep-Saw

　　小型木工曲线锯（图2.25）是一种可以对木料进行曲线和异形线条锯截的木材加工

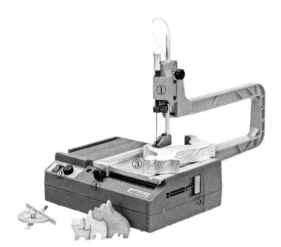

图 2.25 小型木工曲线锯
①可调节机头 ②开关 ③操作台面 ④靠尺微调旋钮 ⑤集屑仓

机械，使用时锯条应垂直于被加工工件的平面，沿轮廓锯割出需要的形状。使用时应注意要进给速度均匀，以免锯条崩断；另外使用一段时间应将机器冷却后再继续使用，以免烧坏电机。

2.3.3 木工压刨机 Thicknesser

小型木工压刨床（图 2.26）是一种将毛料加工成具有精确尺寸和截面形状的工件，并保证工件表面具有一定的粗糙度的木材加工机械。

使用时注意：调节压刨高度时应先使用废料进行尝试，并配合游标卡尺测量精确厚度再进行实际的加工；每次刨削的厚度不要超过 1mm，以免卡在机器里，对机械造成损坏。

2.3.4 钻孔机 Drill Machine

立式单轴木工钻孔机（图 2.27）是通过钻头的转动对工件进行钻孔、铣槽。其结构简单，通用性强，大多为手工操作。钻孔机主要由机身、切削机构、工作台、压紧机构和操纵机械等组成。制造工艺中的孔、槽都是由钻孔机加工出来的，孔、槽的加工精度在整个制作及装配过程中都非常的关键。

使用时应注意确定钻孔的深度，调节好打孔、铣槽的位置，进行工件的固定时应使用夹具让工件保持水平。加工完毕后，钻头很烫，应避免烫伤，等到钻头完全停止转动后，再将工件取下。

图 2.26　小型木工压刨床
①开关　②手摇轮
③挡板升降刻度表

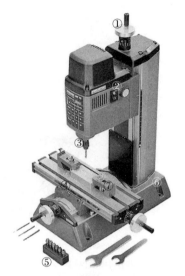

图 2.27　立式单轴木工钻孔机
①调刻度手轮　②开关　③刀具
④带有楔形滑轨的操作台面
⑤刀具夹组件　⑥底座　⑦工件夹

2.3.5　**数控设备**　CNC Equipment

数控加工设备主要指木工数控雕刻机（图 2.28）是一种可以对零件进行全方位自动加工的机器，根据程序设定和三维电脑制图绘制的零件，根据软件的编程代码形成刀路，可以对木料进行自动化加工，其特点是加工精度高、加工速度快。

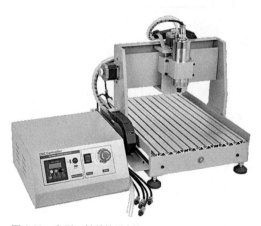

图 2.28　小型三轴数控雕刻机

雕刻机有三轴、四轴、五轴联动加工，加工效果各不相同，三轴就只有 x、y、z 三个方向进行加工，零件加工面有所限制，到五轴就是指在一台机床上至少有五个坐标轴（三个直线坐标和两个旋转坐标），而且可在计算机数控（CNC）系统的控制下同时协调运动进行加工，加工精度更高、更方便。

根据使用的不同，有小型、大型、单头雕刻、多头雕刻的数控雕刻机，以满足不同工件的加工。通过更换钻头就可以对木料进行不同精度的加工。

2.4　加工实例详解　Example & Explanation

2.4.1　制图与识图　Drawing & Reading

在正式制作木工模型之前，需要对图纸有大体的了解，并能够识图。图纸是对模型各部分零件最精准的解析，也是模型制作的灵魂。

绘制图纸可以选用 AutoCAD，Mastercam，Solid Edge 等软件，需要绘制整个家具及各零件的三视图，其中一些零部件还需要进行 1∶1 比例打印，以备对其进行打样加工。

（1）绘制三视图：家具的三视图绘制应做到比例正确，如图 2.29 所示，绘制正视

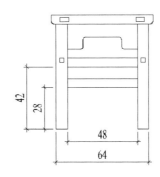
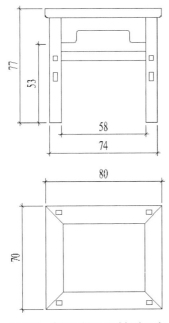

图 2.29　家具三视图尺寸标注示意

图、左视图以及俯视图作为三个视图，只保留看得见的实线，并标注凳子的主要尺寸如枨到地面距离，牙子到地面距离，座面板到地面距离，两腿之间距离。注意尺寸线应标注在清晰合适的位置上，线形比家具图线细，不能重叠，标注基准一致。

（2）绘制零件图：绘制家具整体三视图后需要确定零件，绘制零件的三视图并标注尺寸，如图 2.30 所示，为凳子大边的三视图，分别为正视图、左视图及俯视图。区别是零件图还需要将看不到的线用虚线表示出来，并选取一个基准面为零件进行尺寸标注，目的是为了制作零件划线时更加方便；标注带有透榫零件如大边、管腿枨等时，要注意在榫头两边预留出 3mm 长度，待家具模型装配完成后再去掉以免制作过程中由于误差导致榫头长度不足。其他标注注意事项与家具整体三视图相同。

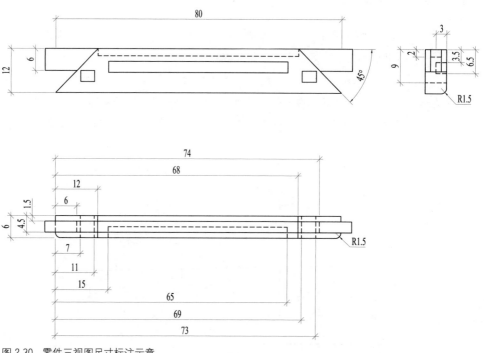

图 2.30　零件三视图尺寸标注示意

（3）生成下料单：绘制出所有零部件的三视图后需要根据每个零部件的数量以及尺寸下料，绘制零件下料标示图（图 2.31）以及生成下料单（表 2.1）。除各零件的尺寸之外，还应对其进行整合下料，以缩短加工工序及时间，比如将同宽、厚尺寸的零件长度合并下料，先进行压刨加工，最后再锯截出长度。比如大边、抹头的宽、厚均为 12mm×6mm，加上锯截过程中的锯路损失，所以将其长度相加为 80mm×2＋

70mm×2＋3×2mm 预留长度＋锯路宽 mm×3=306＋3 倍锯路宽 mm，即加工净料为截面为
12mm×6mm 长为（238mm＋3 倍锯路宽 mm）的木料。

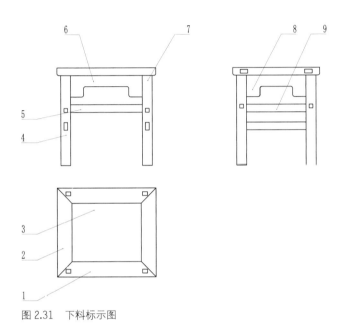

图 2.31　下料标示图

表 2.1　下料单

序号	名称	数量（个）	尺寸（mm）
1	大边	2	86×12×6
2	抹头	2	70×12×6
3	面板	1	60×50×5
4	左腿	2	81.5×8×8
5	横枨－长	2	83×6×6
6	牙板－长	2	63×20×3
7	右腿	2	81.5×8×8
8	牙板－短	2	53×20×3
9	横枨－短	4	73×6×5.5

2.4.2　毛料加工 Rough Machining

（1）加工说明：按照家具零部件的尺寸规格和品质要求，将木材制成规格毛料。

木材需平整，根据下料单，在确保厚度方向的加工余量的前提下，使用高精度压刨

（加工精度 ±0.1mm）进行定厚加工。工件的长度、宽度加工余量要充盈，对于很小的工件，也应留适当的富余量。以相对平直的边为基准，用卡尺或直尺测量其长度，并用铅笔标注，以相对平整面为可视面，规避缺陷后进行裁切。得到的毛料在长度、宽度、厚度上可以是净料的倍数。

　　如图 2.32 将 50mm×50mm×130mm 的木材锯截成 20mm×45mm×100mm 的毛料。按照下料单整合后，最终加工出来的毛料如图 2.33 所示。

　　（2）工具设备：将木料开料并加工成毛料的工具可以使用手工锯和小型木工圆锯机。

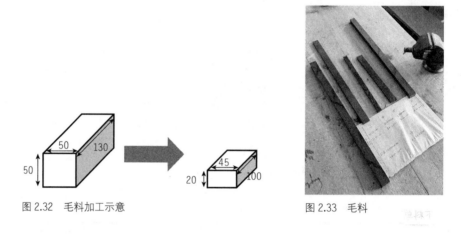

图 2.32　毛料加工示意　　　　　　　　　　　　　图 2.33　毛料

2.4.3　净料加工 Finish Machining

　　（1）加工说明：净料加工主要指根据零件的尺寸对毛料进行刨削。

　　将粗加工好的工件进行开榫、钻孔、开槽等加工，制作出对应规格要求的榫头、榫眼，铣出各种线面、型面、曲面，再进行表面修整等工序，以更好地配合榫卯结构、零部件之间的接合。

　　（2）工具设备：采用手工刨或小型压刨机对毛料进行精度更高的压刨加工，或采用曲线锯对弯曲零件进行弯曲净料加工，得到的净料如图 2.34 所示。

2.4.4　图纸打样加工 Proofing

　　（1）加工说明：根据图纸按照尺寸锯截、打孔制作出榫卯结构。

　　手工加工零件有两种方式：一种是在木料上直接划线，画出打孔、开槽的位置等，进行打孔、开槽加工；另一种是将图纸以 1∶1 的实际比例打印出来后沿轮廓剪下后贴在

图 2.34 净料

净料上，再对木料进行打孔等加工。前者适合直线形零件，后者适合曲线形零件，且更佳准确。

数字化机械加工也可以对材料进行铣形、打孔、开槽凳加工，完成图纸中材料的各部分加工步骤。数字化加工需要借助软件设计刀路代码在雕刻机上进行加工，这种加工方式加工精度高，省时省力，但对使用者有更高的电脑操控要求。

（2）工具设备：采用夹具将零件固定，采用量具、划线器来划线，采用手工锯锯截榫头，采用手工钻、钻孔机制作榫眼。数控加工方法则使用雕刻机设备根据电子图纸，使用 Mastercam 软件制作刀路后对零件进行加工。

加工出的零件如图 2.35 所示。

2.4.5 **粗磨倒角** Rough Grinding & Chamfer

（1）加工说明：粗磨包括除去表面各种不平，将榫卯结构互相配合修形和按图纸要求将零件倒圆。

只有将零件使用粗砂纸全面粗磨后再进行细磨，才能够使木材露出本身美丽的纹路，粗磨必不可少。

粗加工出的零件榫头榫眼的尺寸会有些误差导致不能够配合安装起来，需要对榫头榫眼进行配合修整，使其完美配合。这一步对于最终的效果呈现十分重要，越是精细最终的装配效果越好，修整过程中应注意榫头应保持方形，不得进行倒角，榫眼不得修的过大，

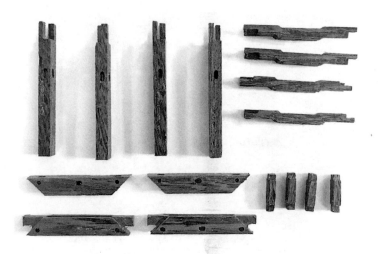

图 2.35　图纸打样加工零件

否则不美观且影响结构强度，最后还应将透榫部分待装配完成后锯截掉多出的部分。

　　经过修正加工后的零件和部件，在配套之后即可进行总装配。在整个装配过程中，需要接合部位严密，线型均匀，板面平直光滑，明处无棱角，且四脚平稳（图 2.36）。

　　装配好的模型还是很粗糙，这时候需要对模型进行细致的修饰，比如腿、枨、牙子等的倒角修饰，使其看起来更圆润舒服。

　　（2）工具设备：采用刻刀、木锉来修榫头、榫眼使其配合，采用木锉对表面进行打磨去凹凸和零件倒圆。

2.4.6　细磨抛光 Fine Grinding & Polishing

　　（1）加工说明：细磨砂光包括砂纸砂光和涂饰抛光。

　　细磨砂光使用砂纸按照目数从低到高的顺序进行砂光，去除表面第一层木锉留下的粗磨痕迹，并逐渐打磨至光滑。

　　砂光后对零件进行表面涂饰，可以避免或减少光照、水分、空气对家具的影响，可以使得家具免受化学物质、虫菌等的侵蚀，防止家具翘曲变形、开裂磨损。此外，表面涂饰还可以赋予家具一定的光泽度、质感、纹理。

　　（2）工具设备：采用砂纸、电动打磨机进行细磨砂光，采用木蜡油进行表面涂饰抛光处理。

　　打磨上木蜡油之后再将所有零件装配起来，即完成整个模型的制作（图 2.37）。

图 2.36 装配后模型

图 2.37 完成模型照片

凳类家具模型解析

STOOL MODEL TUTORIAL

3.1 有束腰直方凳系列 Straight Stool with Waist

3.1.1 罗锅枨矮老方凳 Square Stool with Arched beam and Ailao Column

罗锅枨矮老方凳是非常典型的凳子造型，矮老上端与牙子交圈相接，多用格肩榫；四面各做双矮老，与罗锅枨也是格肩相交。束腰牙子连做，抱肩榫结构与腿足相接，足端为内翻马蹄腿做法，矮扁兜转，造型素整有力。座面采用落塘面做法，整体造型结构比例美观舒适。

罗锅枨矮老方凳尺寸图

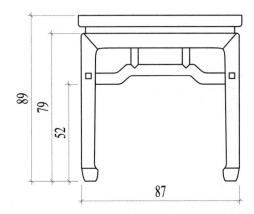

89
79
52
87

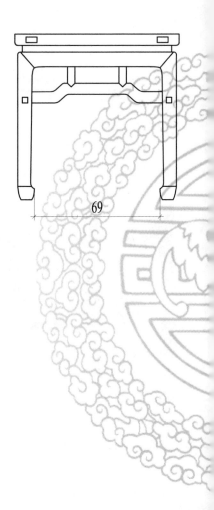

69

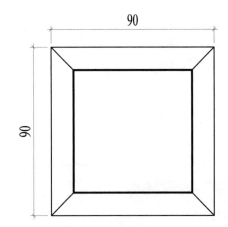

90

90

罗锅枨矮老方凳下料单

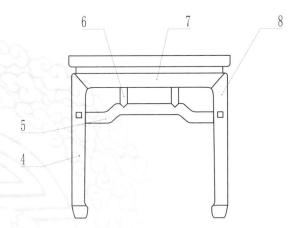

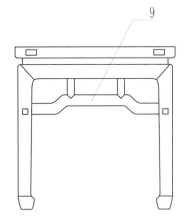

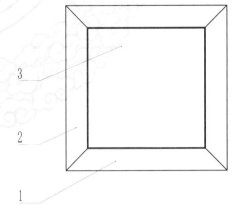

下料单			
序号	名称	数量	尺寸
1	大边	2	90×12×6
2	抹头	2	90×12×6
3	面板	1	70×70×4.5
4	左腿	2	86.5×14.5×14.5
5	罗锅枨-下	2	89×10.5×5
6	矮老	8	25.5×5×4
7	牙板	4	84×12×4.5
8	右腿	2	86.5×14.5×14.5
9	罗锅枨-上	2	89×10.5×5

注： 1,5,9号零件长度方向下料尺寸多预留6mm。

罗锅枨矮老方凳零件图

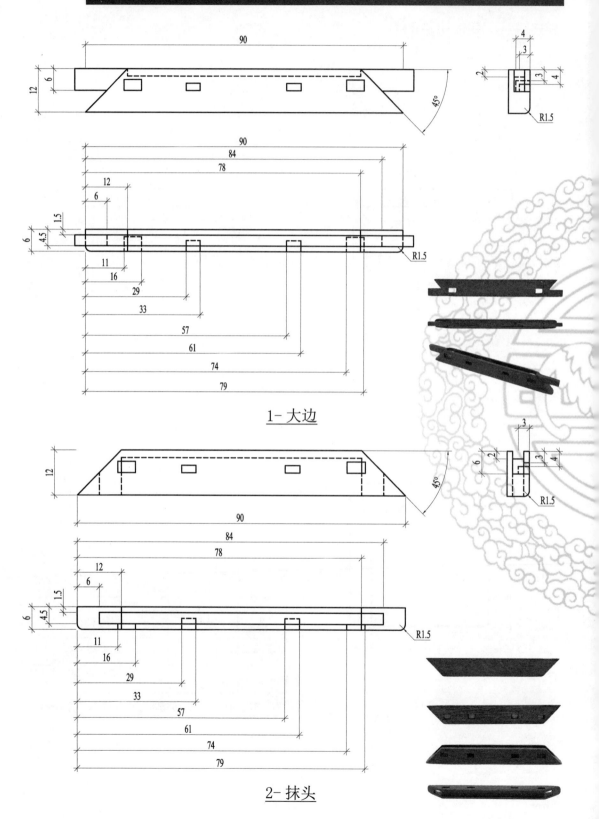

1- 大边

2- 抹头

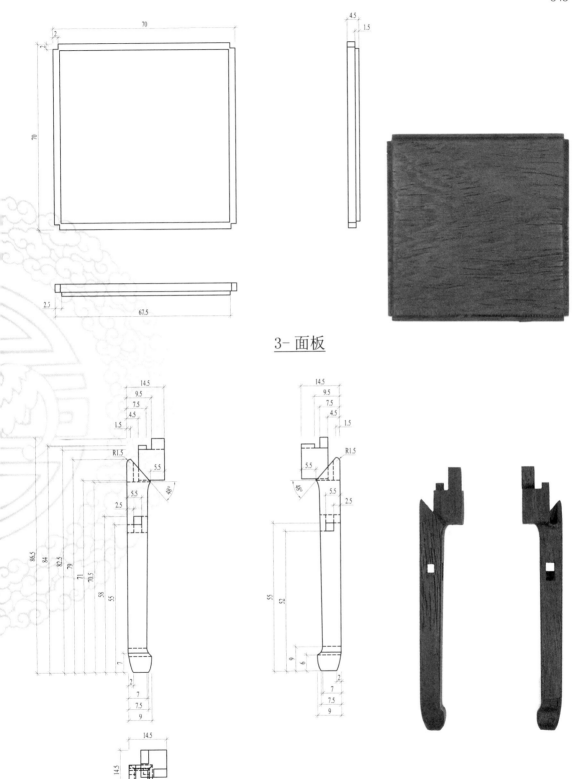

3- 面板

4- 左腿

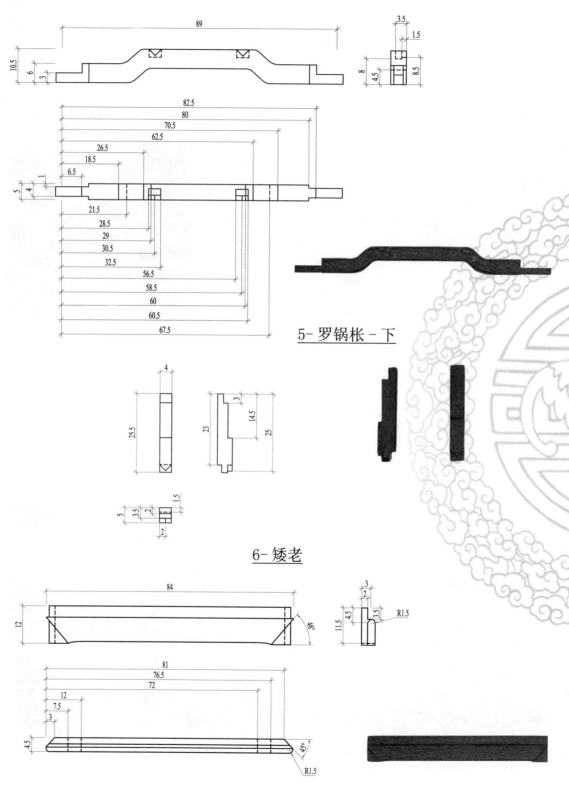

5- 罗锅枨-下

6- 矮老

7- 牙板

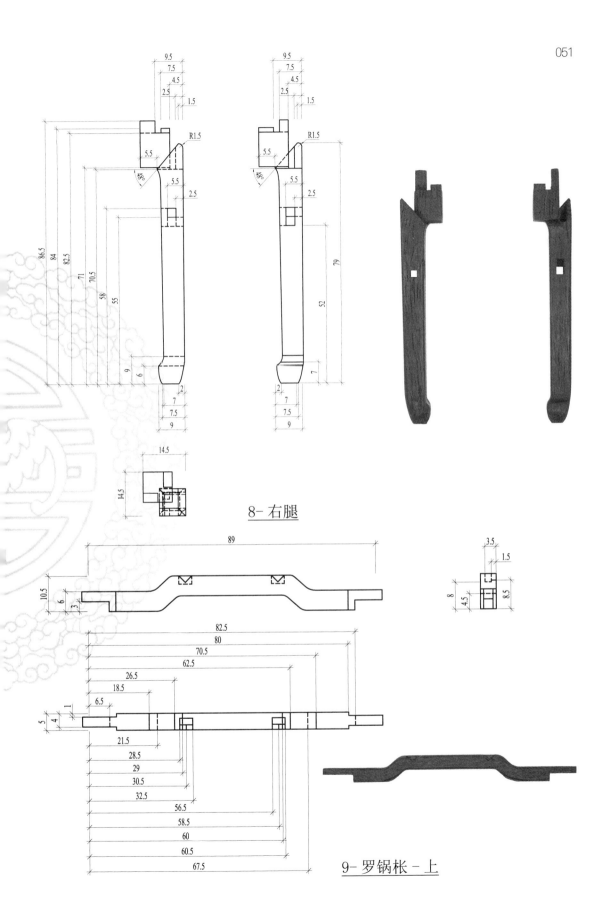

8- 右腿

9- 罗锅枨 - 上

3.1.2 有束腰马蹄足直管脚枨大方凳 Big Square Stool with Horseshoe and Straight Foot Crossarm

此凳座面微落塘面做法，束腰牙子连做，腿部与牙子抱肩榫相接，腿足下部内翻马蹄腿造型，管脚枨接在马蹄腿之上部，高度齐平，采用的是长短榫相接结构。体积较一般方凳大，座面还可采用藤竹做屉。

有束腰马蹄足直管脚枨大方凳拆解图

有束腰马蹄足直管脚枨大方凳尺寸图

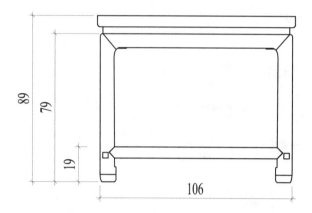

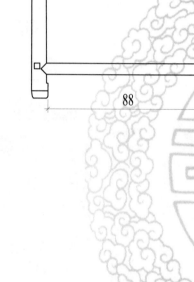

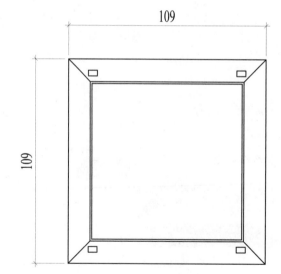

有束腰马蹄足直管脚枨大方凳下料单

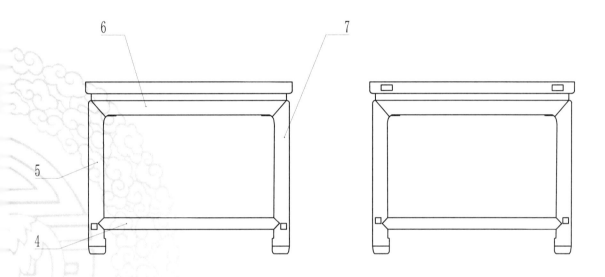

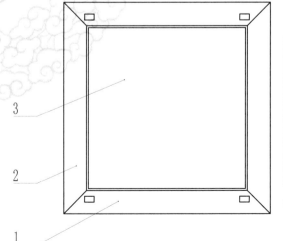

下料单

序号	名称	数量	尺寸
1	大边	2	109×12×6
2	抹头	2	109×12×6
3	面板	1	91×91×4.5
4	管脚枨	4	106×6×4.5
5	左腿	2	88.5×14.5×14.5
6	牙板	4	103×13.5×4.5
7	右腿	2	88.5×14.5×14.5

注： 1,4 号零件长度方向下料尺寸多预留 6mm。

有束腰马蹄足直管脚枨大方凳零件图

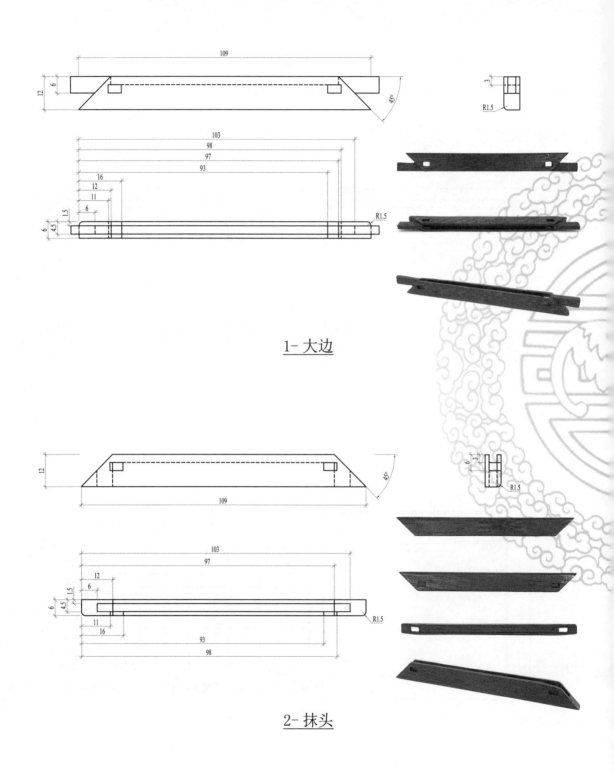

1- 大边

2- 抹头

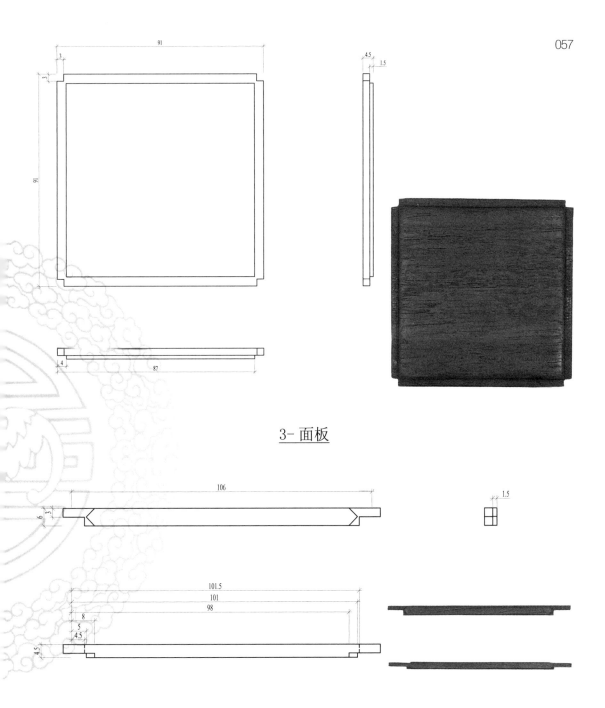

3- 面板

4- 管脚枨

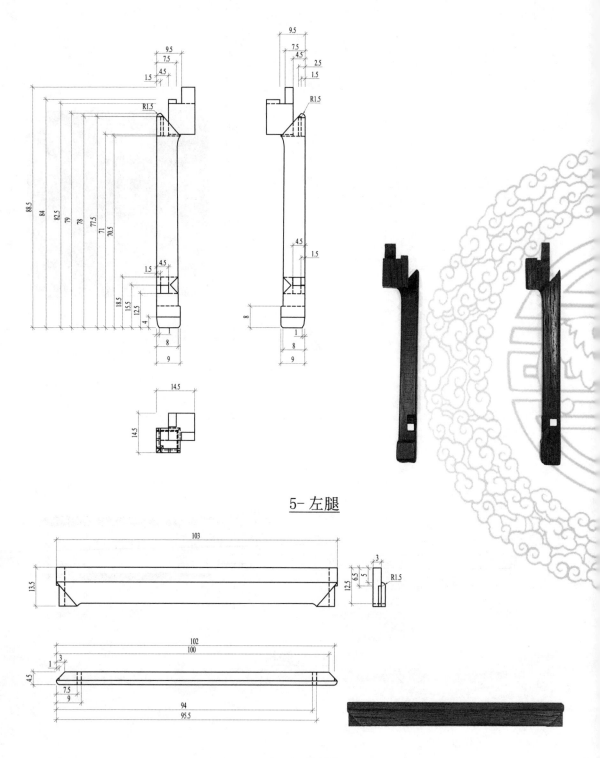

5- 左腿

6- 牙板

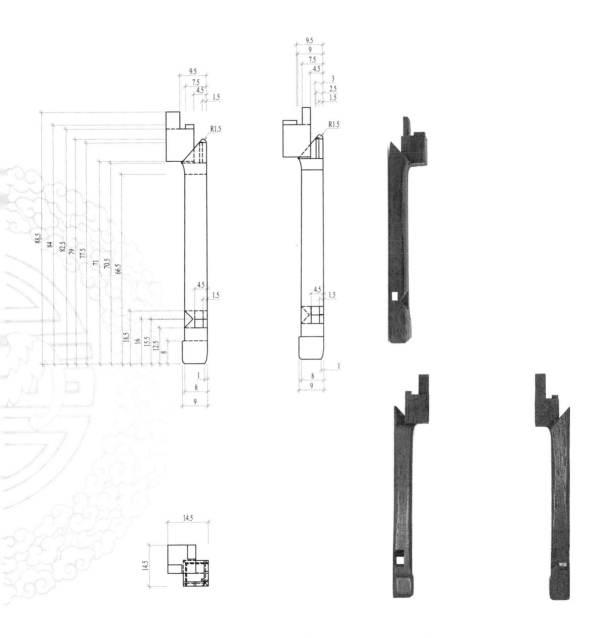

7- 右腿

3.1.3　有束腰管脚枨方凳　Square Stool with Waist and Straight Foot Crossarm

　　明代有束腰坐凳的典型样式，座面为传统攒框结构，板心为落塘面处理，牙子做成弧形也可做壶门造型，此凳最大特点是将管脚枨与腿足马蹄部分相连，在临近地面处相交。看似足下有"托泥"但非托泥，托泥是足下有框承托的四足。整体造型流畅大方，干净和谐。

有束腰管脚枨方凳尺寸图

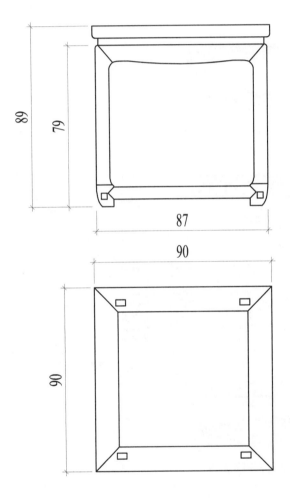

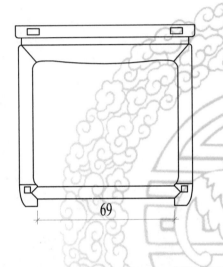

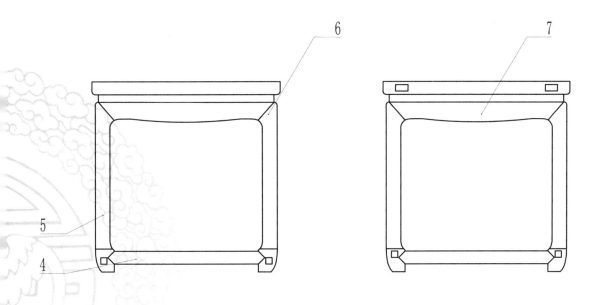

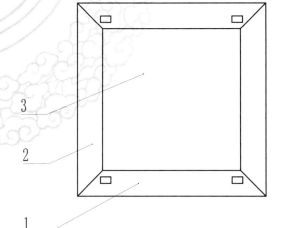

下料单			
序号	名称	数量	尺寸
1	大边	2	90×12×6
2	抹头	2	90×12×6
3	面板	1	70×70×4.5
4	管脚枨	4	96×6×5.5
5	左腿	2	91.5×14.5×14.5
6	右腿	2	91.5×14.5×14.5
7	牙板	4	84×16×4.5

注: 1,4号零件长度方向下料尺寸多预留6mm。

有束腰管脚枨方凳零件图

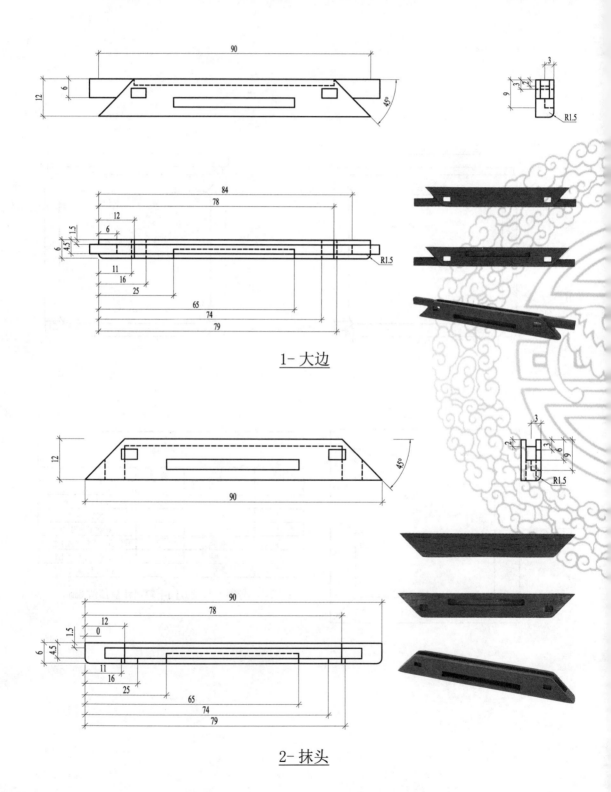

1- 大边

2- 抹头

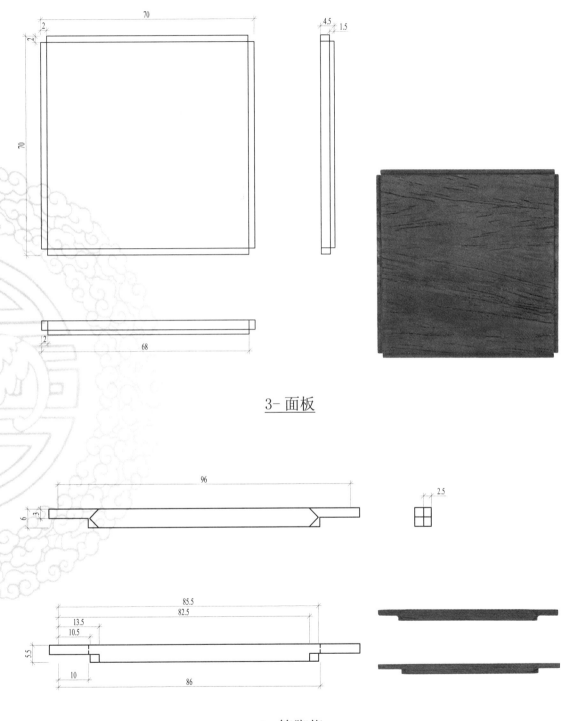

3- 面板

4- 管脚枨

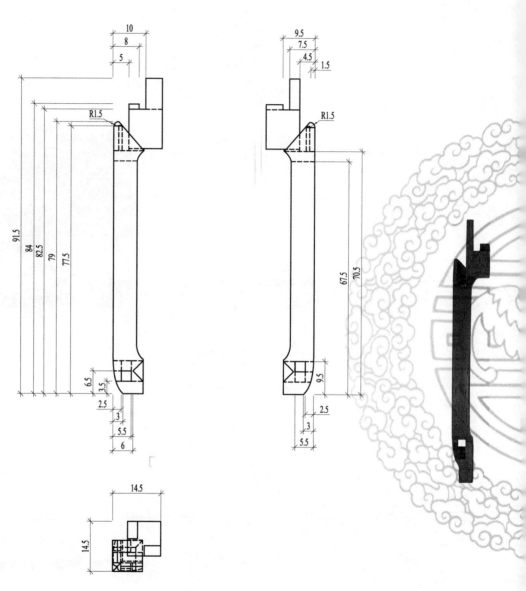

10
8
5

9.5
7.5
4.5
1.5

R1.5

R1.5

91.5
84
82.5
79
77.5

67.5
70.5

6.5
3.5

9.5

2.5
3
5.5
6

2.5
3
5.5

14.5

14.5

5- 左腿

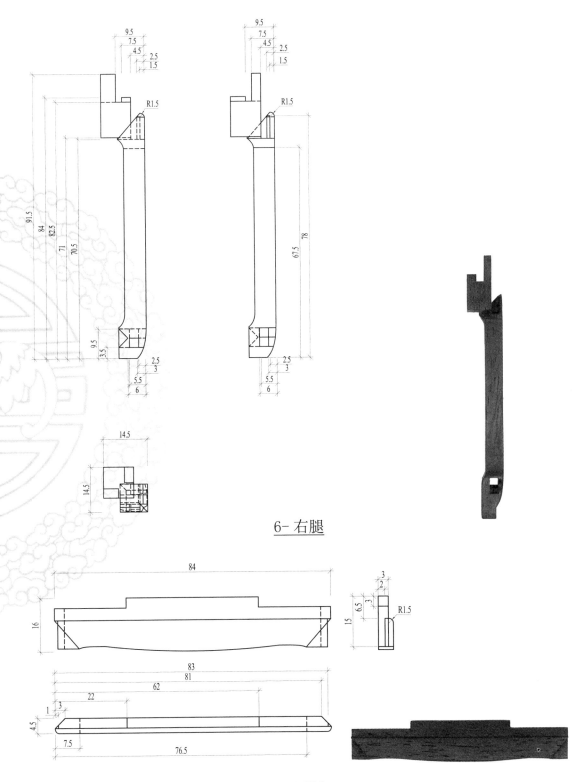

6- 右腿

7- 牙板

3.1.4　霸王枨方凳　Square Stool with Bawang Crossarm

　　束腰抱肩榫连接束腰牙子连做，凳面为落塘面做法，直腿内翻马蹄，四根霸王枨上端承托座面下部四根结构杆件，纯明式风格。坐凳样式美观霸气，巧妙结实。

霸王枨方凳拆解图

霸王枨方凳尺寸图

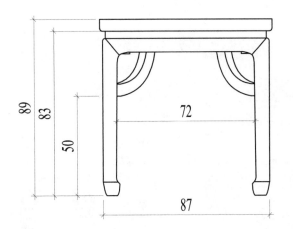

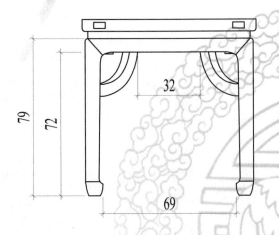

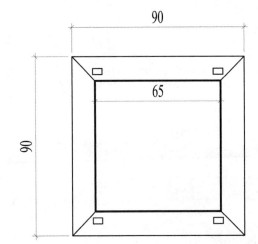

霸王枨方凳下料单

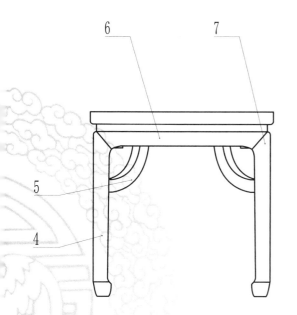

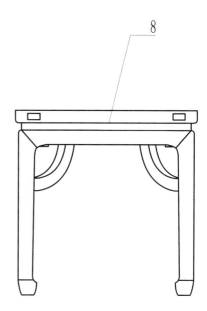

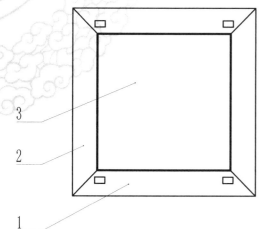

下料单

序号	名称	数量	尺寸
1	大边	2	90×12×10.5
2	抹头	2	90×12×10.5
3	面板	1	70×70×4.5
4	左腿	2	90.5×14.5×14.5
5	霸王枨	4	32×30.5×5
6	牙板	4	84×12×4.5
7	右腿	2	90.5×14.5×14.5
8	霸王枨穿带	4	49.5×6.5×6

注：1号零件长度方向下料尺寸多预留6mm。

霸王枨方凳零件图

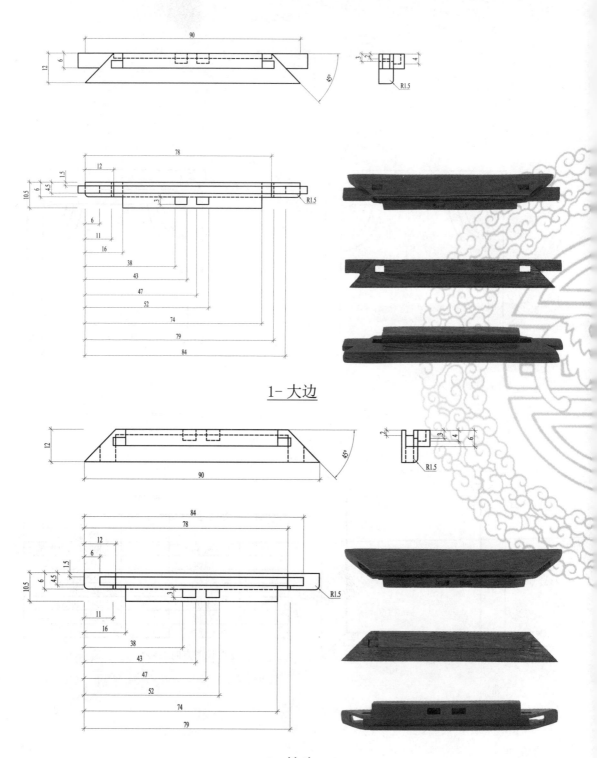

1- 大边

2- 抹头

70
2
2
70
4.5
3

2.5
67.5

3- 面板

9.5
7.5
4.5
2.5
R1.5
5.5
4°
5.5
3
90.5
84
82.5
79
78
71
70.5
50
56
7
6
2
7.5
9

9.5
7.5
4.5
2.5
R1.5
5.5
4°
5.5
3
2
7.5
9

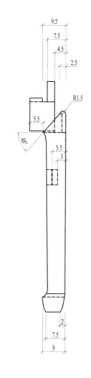

14.5
14.5

4- 左腿

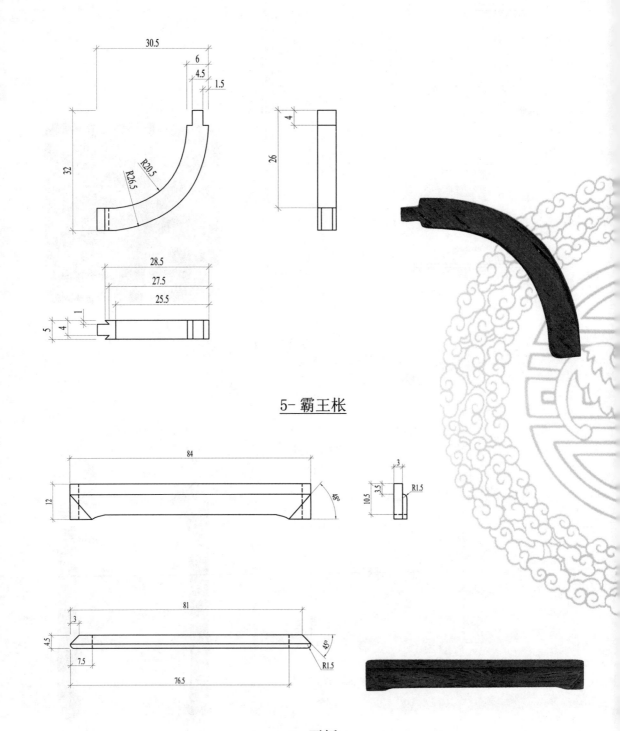

5- 霸王枨

6- 牙板

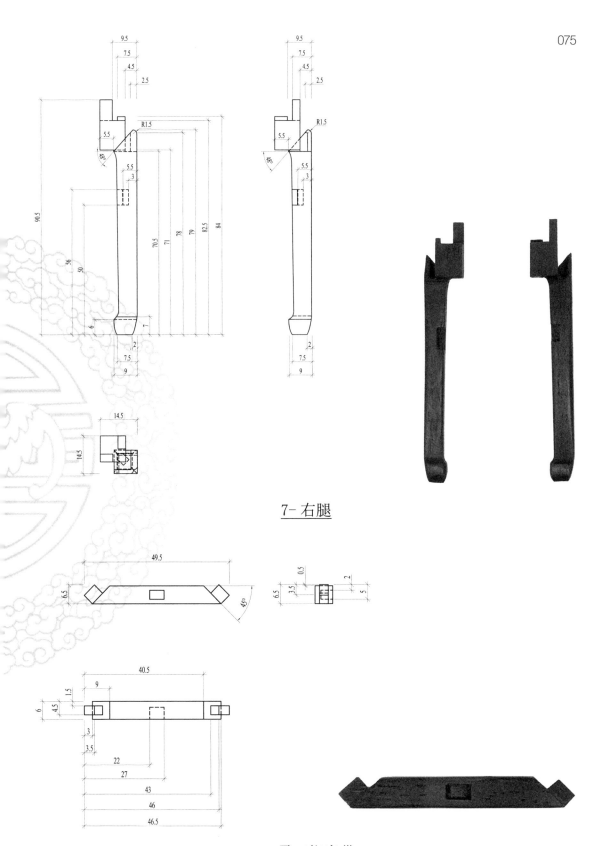

7- 右腿

8- 霸王枨穿带

3.1.5 霸王枨管脚枨方凳 Square Stool with Bawang Crossarm and Straight Foot Crossarm

　　座面下部有四根直材 45° 与大边抹头相接，四根霸王枨承托着腿与座面下部直材，板心嵌板结构与边抹相交。管脚枨与腿足马蹄部分临地相交。做似托泥样式，整体造型在空间中节奏松紧结合，精妙素整，给人以安稳舒适之感。

霸王枨管脚枨方凳拆解图

霸王枨管脚枨方凳尺寸图

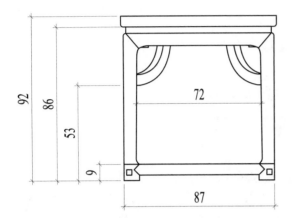

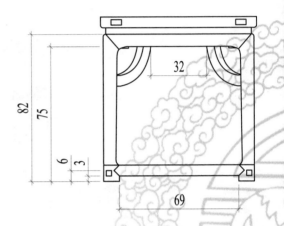

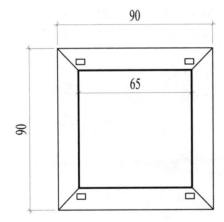

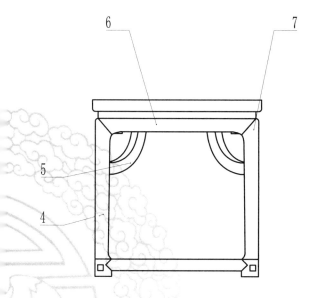

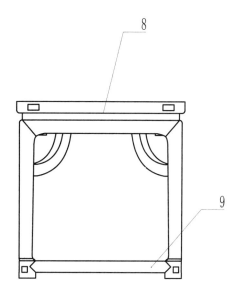

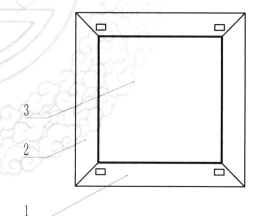

下料单

序号	名称	数量	尺寸
1	大边	2	90×12×10.5
2	抹头	2	90×12×10.5
3	面板	1	70×70×4.5
4	左腿	2	93.5×14.5×14.5
5	霸王枨	4	32×30.5×5
6	牙板	4	84×12×4.5
7	右腿	2	93.5×14.5×14.5
8	霸王枨穿带	4	49.5×6.5×6
9	管脚枨	4	96×6×3

注： 1,9号零件长度方向下料尺寸多预留6mm。

霸王枨方凳零件图

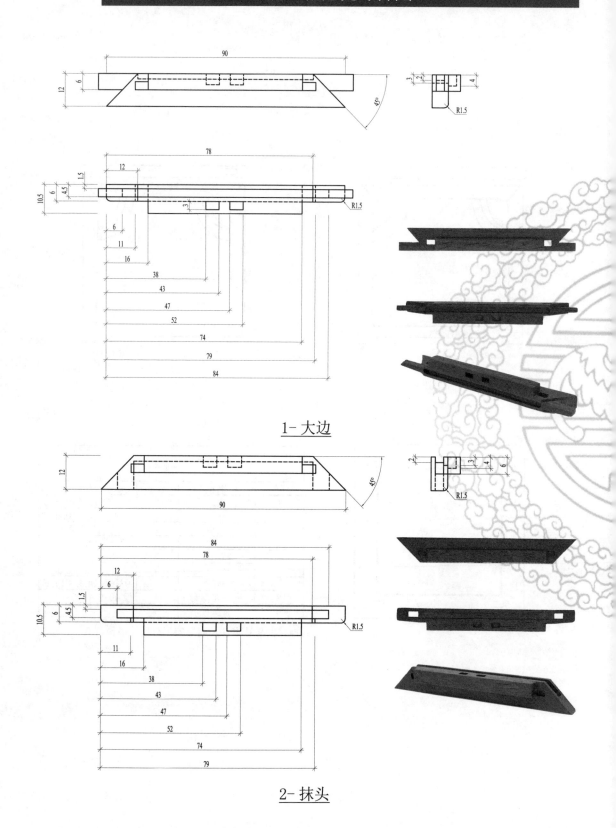

1- 大边

2- 抹头

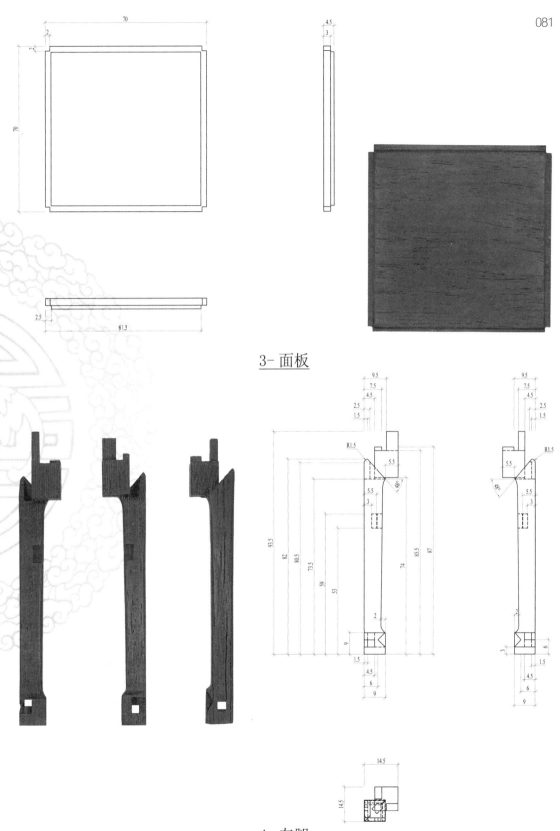

3- 面板

4- 左腿

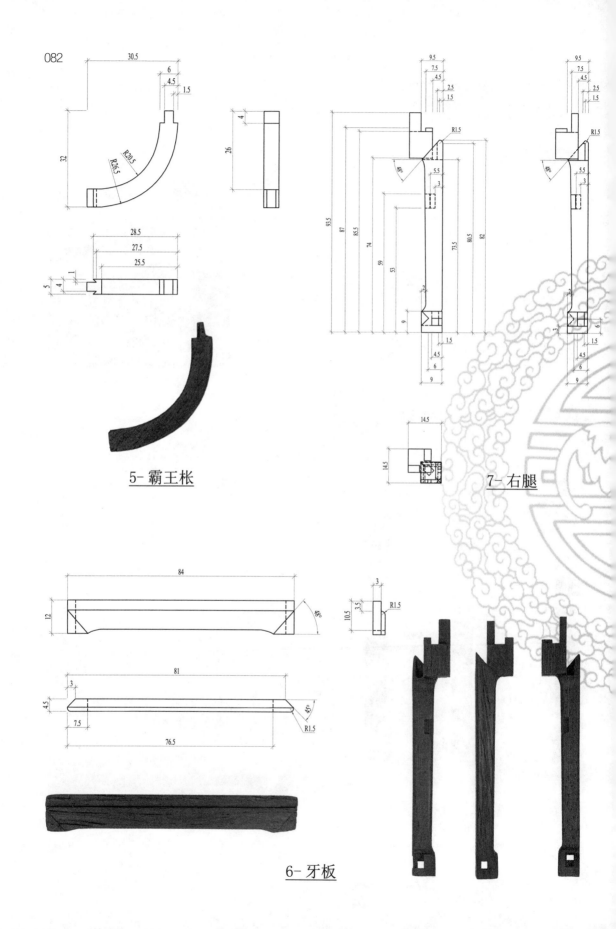

5- 霸王枨

7- 右腿

6- 牙板

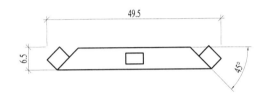

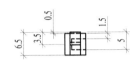

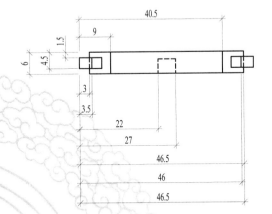

8- 霸王枨穿带

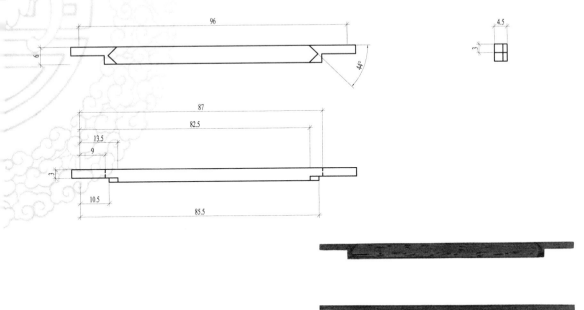

9- 管脚枨

3.1.6 禅凳 Blessing Stool

禅凳其实是中国的一种宗教家具，供修行者打坐参禅之用，所以座面尺寸比一般机凳宽，座面大多采用穿棕编藤作法，整体造型矮而敦实。结构则采用矮老加罗锅枨的传统经典造型为多，配合抱肩榫束腰，内翻马蹄腿。禅凳样式通常洗练而素净，无过多的雕饰，让人感觉到深远的禅意从家具中流露出来。

禅凳拆解图

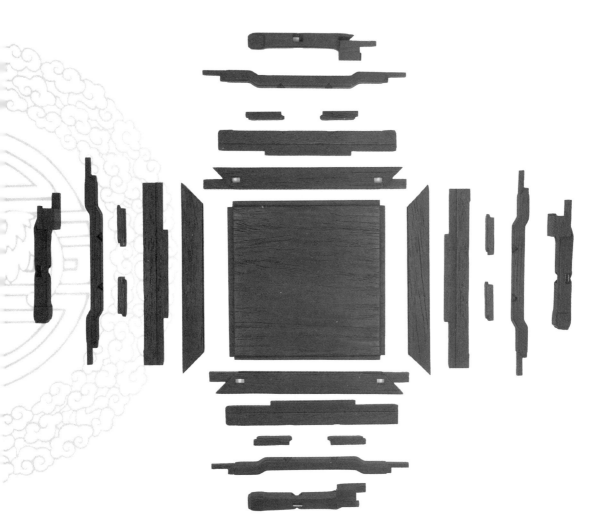

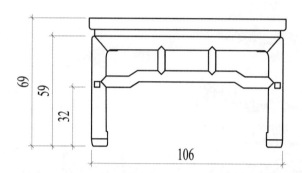

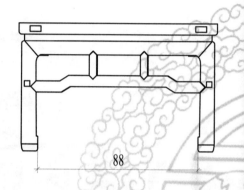

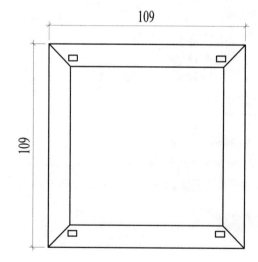

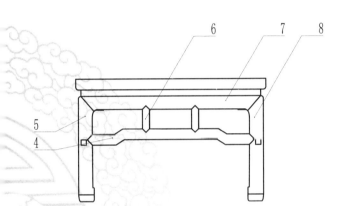

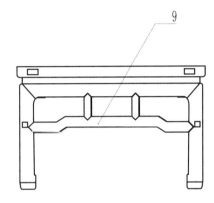

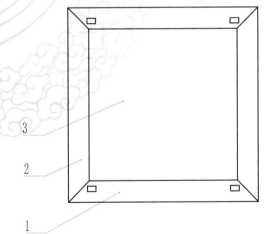

下料单			
序号	名称	数量	尺寸
1	大边	2	109×12×6
2	抹头	2	109×12×6
3	面板	1	91×91×4
4	罗锅枨-上	2	112×9×6
5	左腿	2	72.5×14.5×14.5
6	矮老	8	17×4.5×4
7	牙板	4	103×15×4.5
8	右腿	2	72.5×14.5×14.5
9	罗锅枨-下	2	112×9×6

注： 1,4,9号零件长度方向下料尺寸多预留6mm。

禅凳零件图

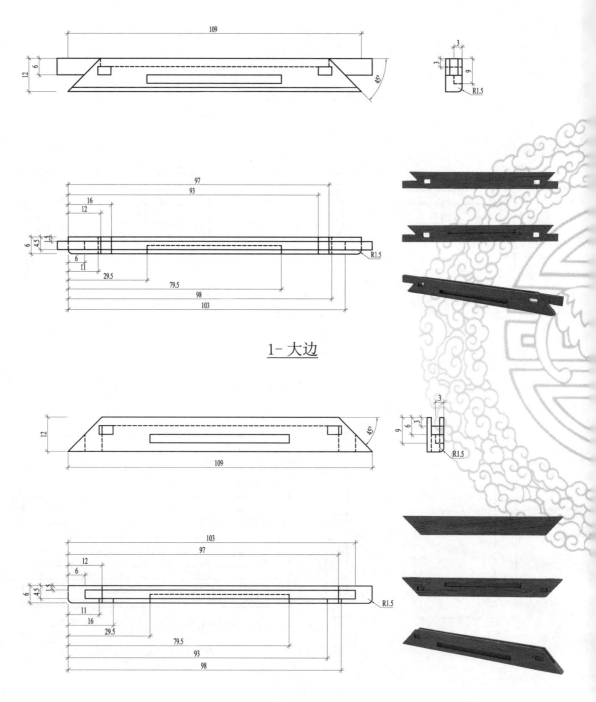

1- 大边

2- 抹头

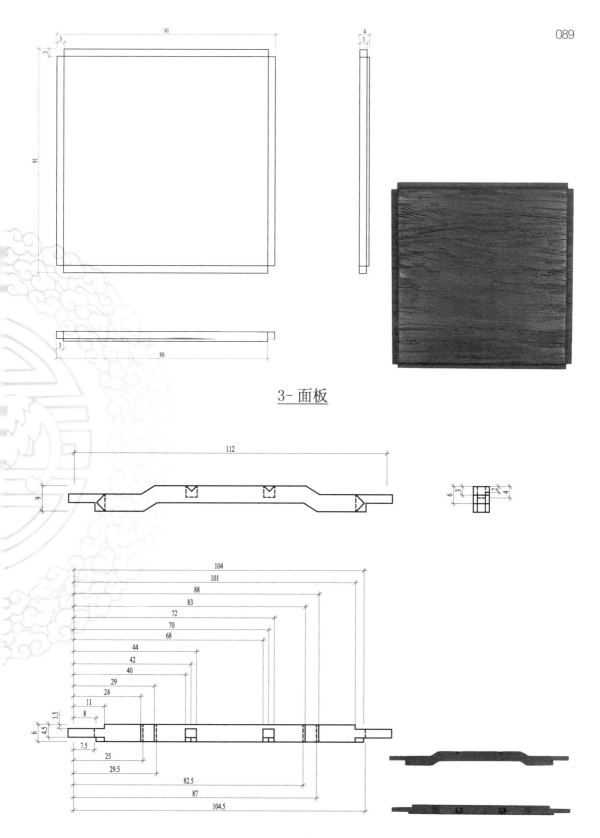

3- 面板

4- 罗锅枨－上

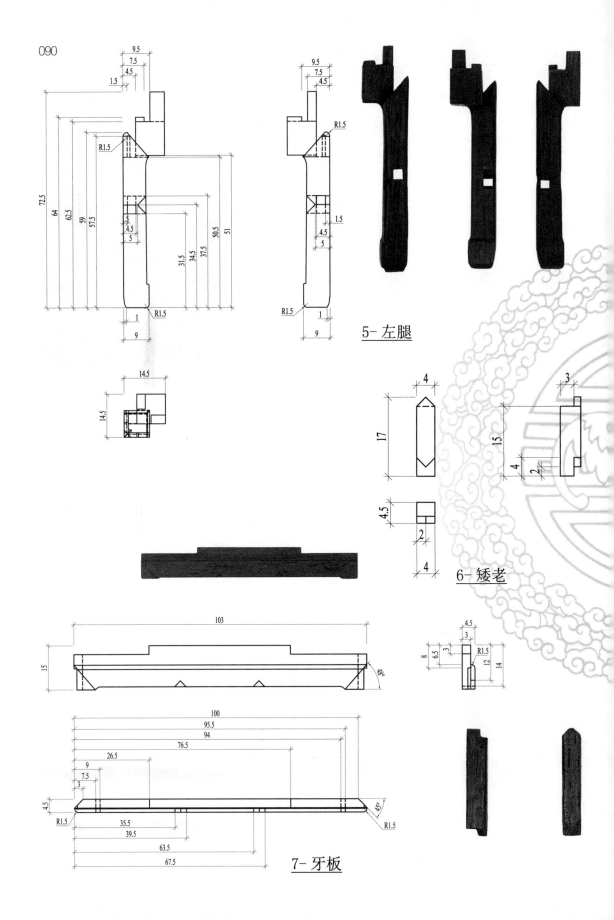

5- 左腿

6- 矮老

7- 牙板

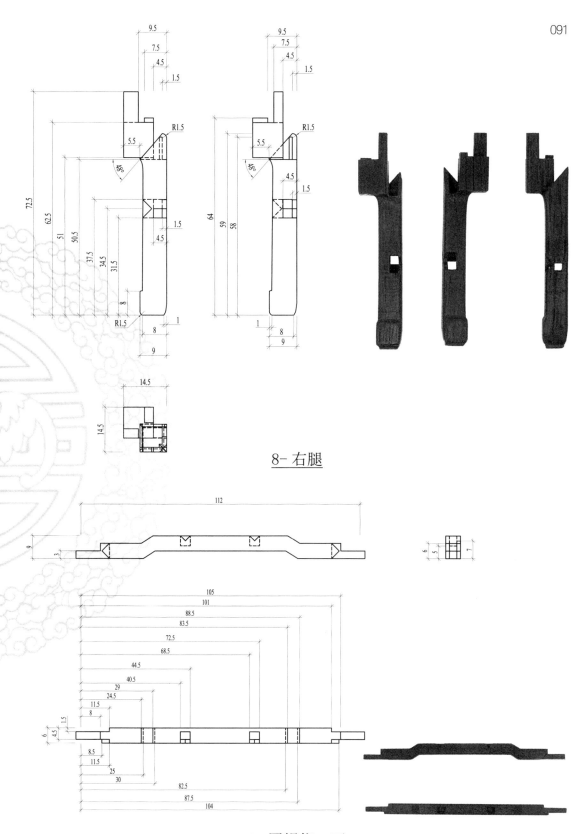

8- 右腿

9- 罗锅枨 - 下

3.2　无束腰直方凳系列 Straight Stool without Waist

3.2.1　无束腰小方凳 Small Square Stool

这种无束腰机凳多为圆足直枨结构，结构借鉴了大木梁架的做法。此凳体积小，选取较粗壮材料，多用于居室之内，小方凳整体显得淳朴而可爱，座面为边抹攒框结构，座面为落塘面做法，腿与边抹下方嵌牙子，腿部做四面直枨，为长短榫搭接结构。

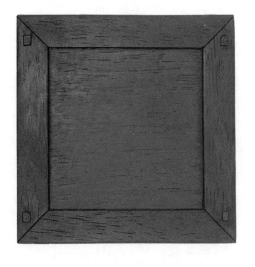

无束腰小方凳拆解图

无束腰小方凳尺寸图

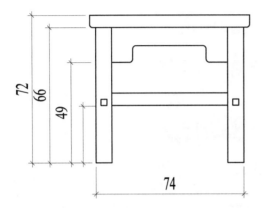

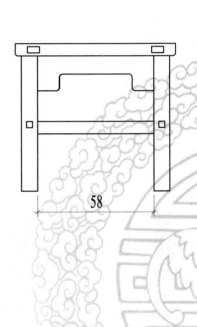

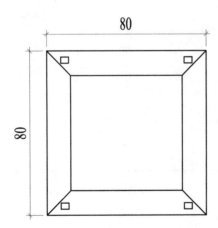

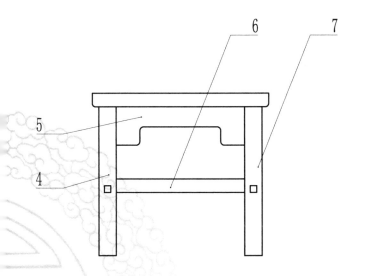

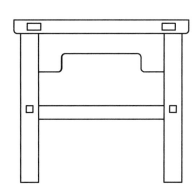

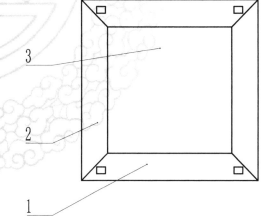

下料单

序号	名称	数量	尺寸
1	大边	2	80×12×6
2	抹头	2	80×12×6
3	面板	1	60×60×4.5
4	左腿	2	76.5×8×8
5	牙板	4	63×20×3
6	横枨	4	83×6×5.5
7	右腿	2	76.5×8×8

注： 1,6 号零件长度方向下料尺寸多预留 6mm。

无束腰小方凳零件图

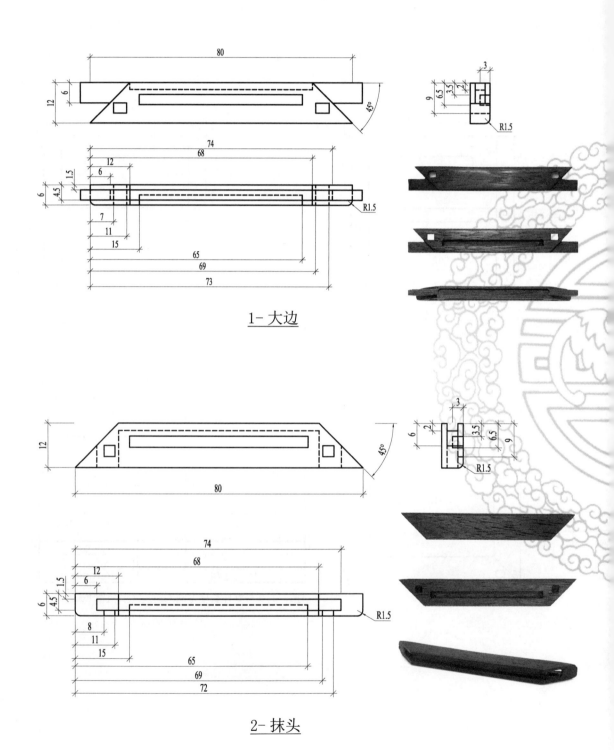

1- 大边

2- 抹头

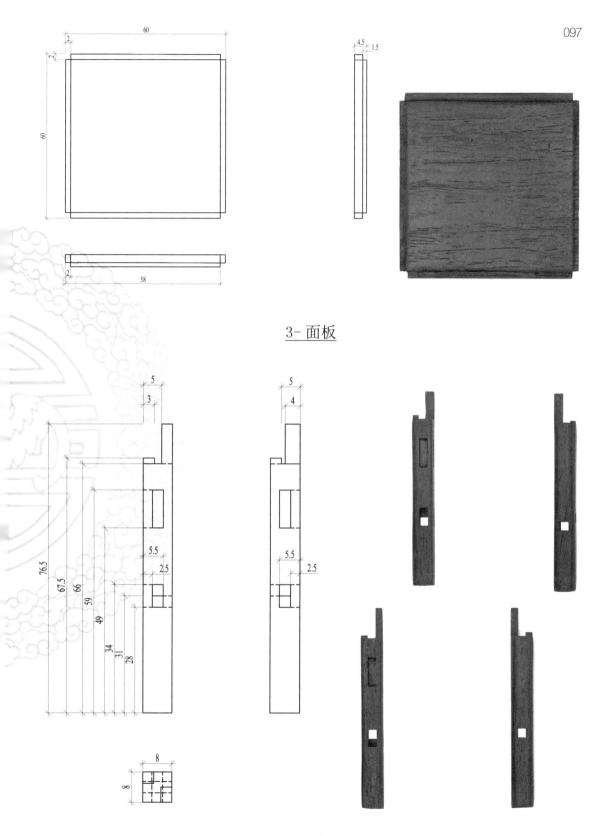

3- 面板

4- 左腿

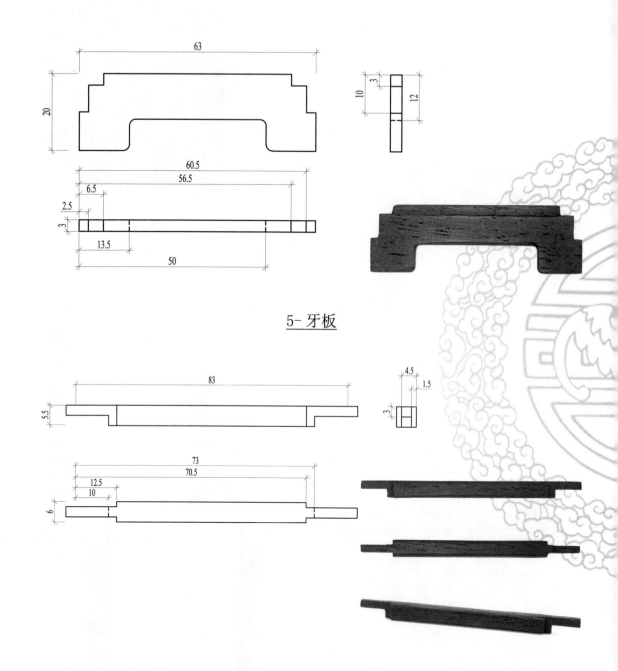

5- 牙板

6- 横枨

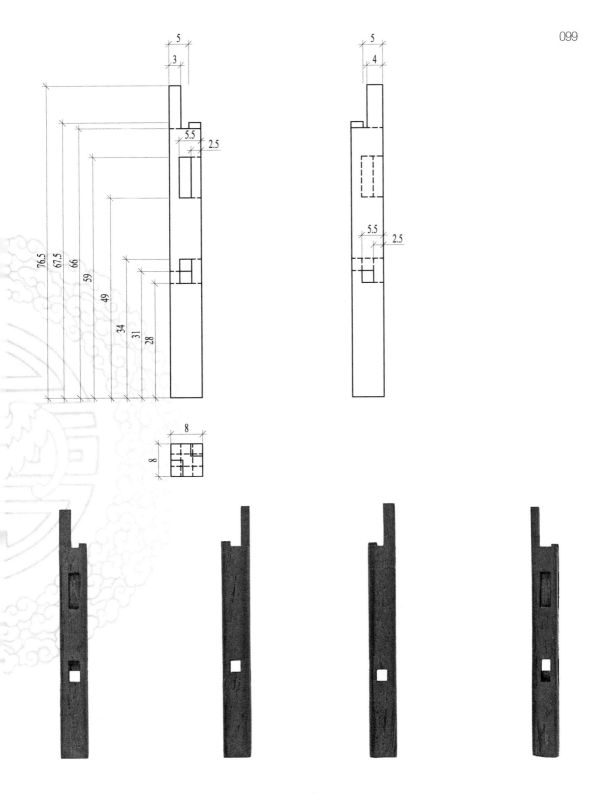

7- 右腿

3.2.2 无束腰长方凳 Long Square Stool

此凳边抹、腿足外部倒圆角，类似椅子下腿的做法，枨为圆材，与腿部为齐头碰接合。素牙子采用揣揣榫结合，腿与攒框结构采用长短榫结合，下接直枨侧面接两根直枨，直枨在靠近牙子的部位与腿相接。长边为一枨，短边为两枨，整体节奏鲜明，像乐曲那样悠扬收敛自如，造型淳朴。

无束腰长方凳拆解图

无束腰长方凳尺寸图

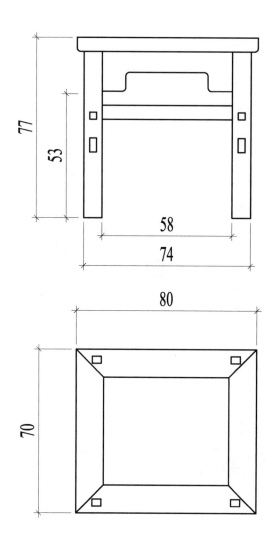
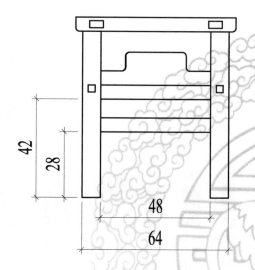

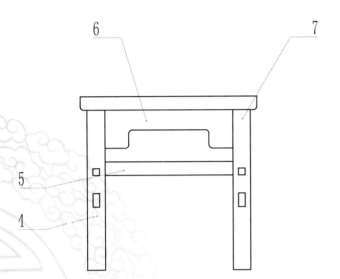

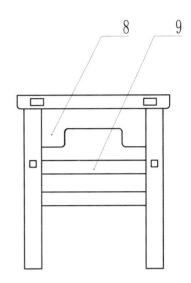

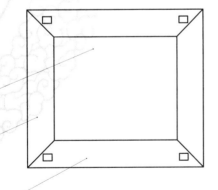

下料单			
序号	名称	数量	尺寸
1	大边	2	80×12×6
2	抹头	2	70×12×6
3	面板	1	60×50×5
4	左腿	2	81.5×8×8
5	横枨-长	2	83×6×6
6	牙板-长	2	63×20×3
7	牙板-短	2	53×20×3
8	右腿	2	81.5×8×8
9	横枨-短	4	73×6×5.5

注： 1,5,9 号零件长度方向下料尺寸多预留 6mm。

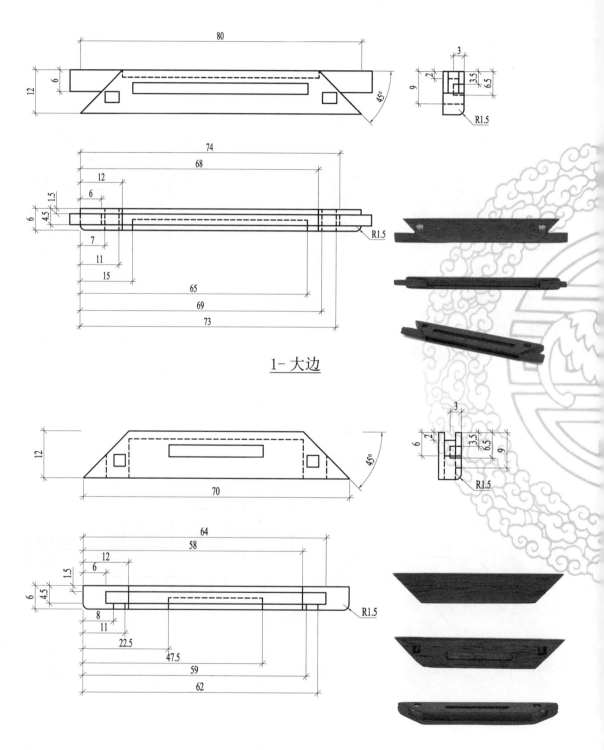

1- 大边

2- 抹头

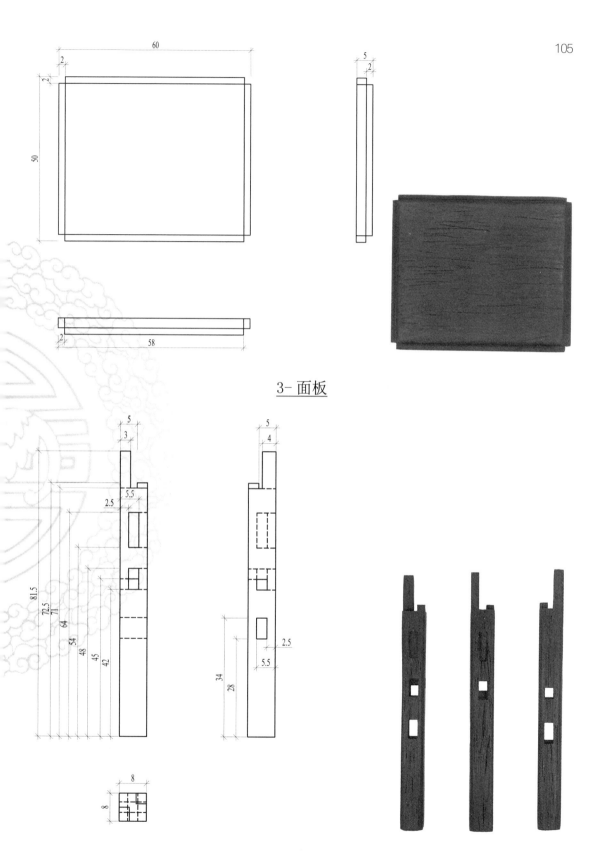

3- 面板

4- 左腿

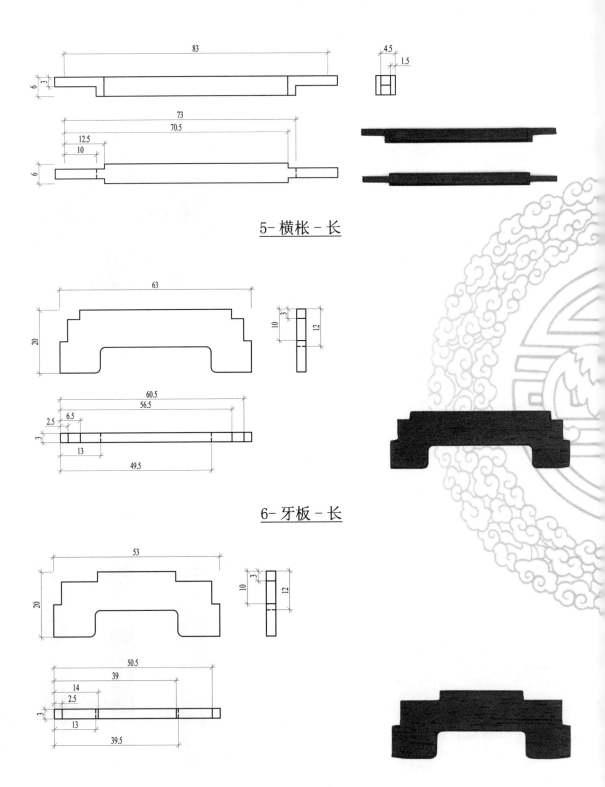

5- 横枨-长

6- 牙板-长

7- 牙板-短

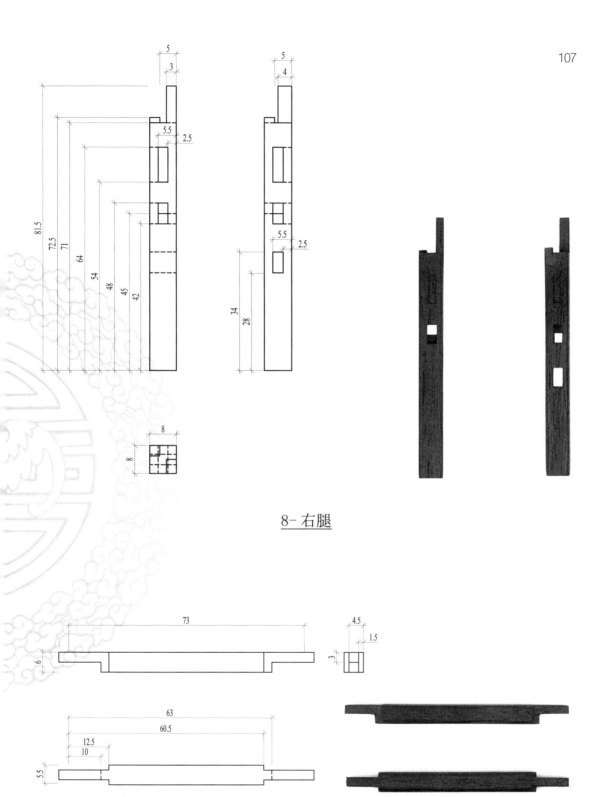

8- 右腿

9- 横枨 - 短

3.2.3　无束腰罗锅卡子花杌凳 Stool with Arched Crossarm and Flower Shape Column

　　双套环卡子花是此凳最亮眼之处，采用栽榫将卡子花与罗锅枨和座面攒框结构相连接。罗锅枨格肩与腿足相交，腿足外侧倒圆角。座面攒框结构通常在下方做"垛边"造型，即在座面下方增加一条木材，让座面攒框结构看起来更厚重，使得凳子的比例更加舒适协调。此凳有卡子花做结构固定和装饰来代替矮老，多为民间用家具造型。

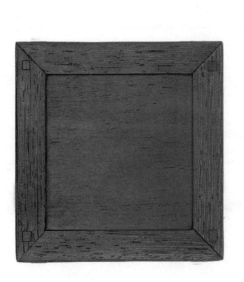

无束腰罗锅卡子花机凳拆解图

无束腰罗锅卡子花机凳尺寸图

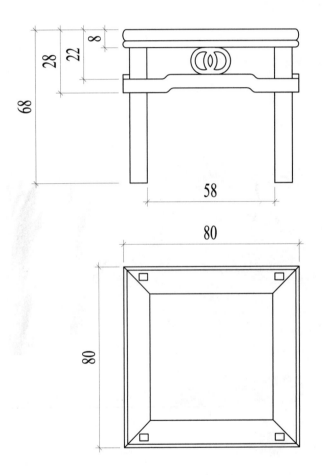

无束腰罗锅卡子花机凳下料单

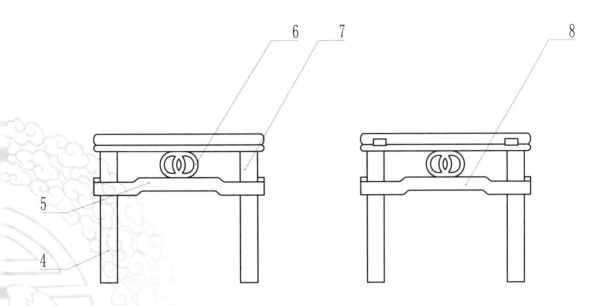

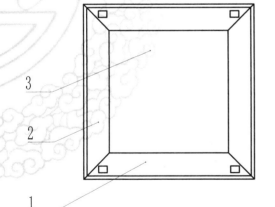

下料单

序号	名称	数量	尺寸
1	大边	2	80×12×8
2	抹头	2	80×12×8
3	面板	1	60×60×4.5
4	左腿	2	70.5×8×8
5	罗锅枨-上	2	80×8×7.5
6	矮老	4	20×18×3
7	右腿	2	70.5×8×8
8	罗锅枨-下	2	80×8×7.5

注： 1号零件长度方向下料尺寸多预留6mm。

无束腰罗锅卡子花机凳零件图

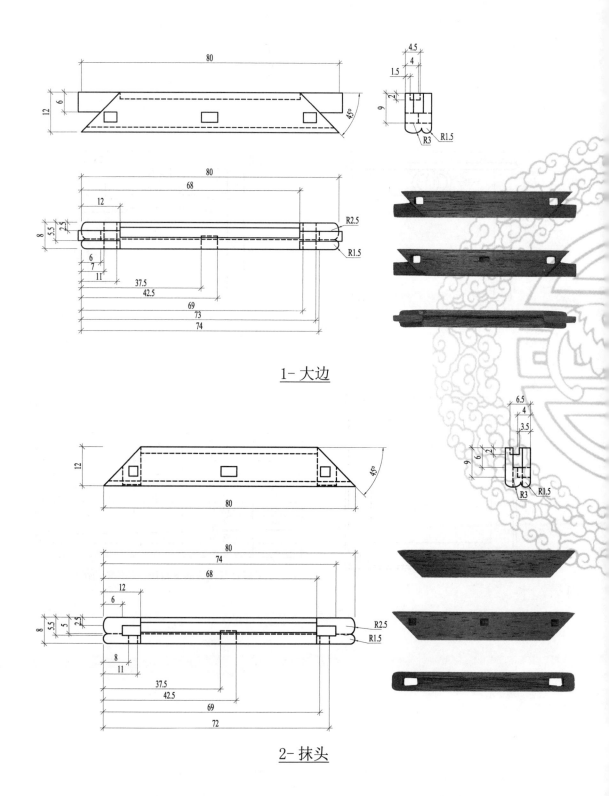

1- 大边

2- 抹头

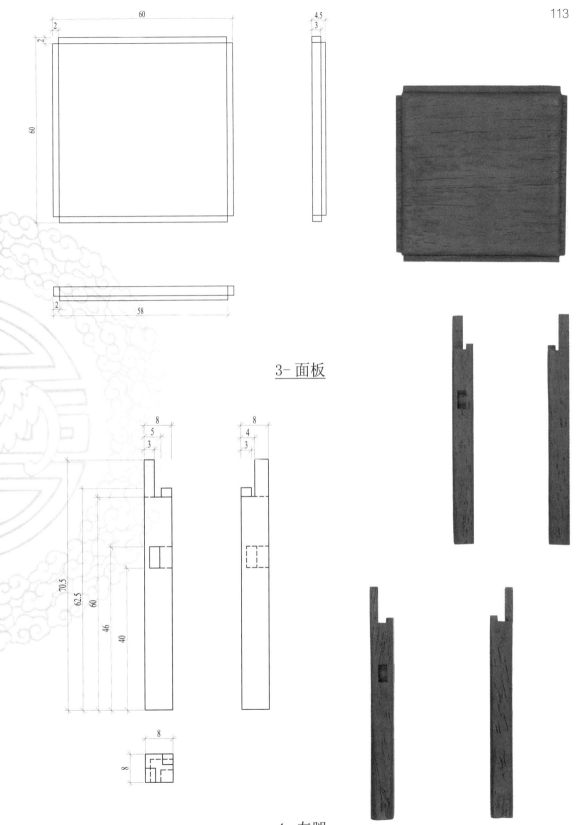

3- 面板

4- 左腿

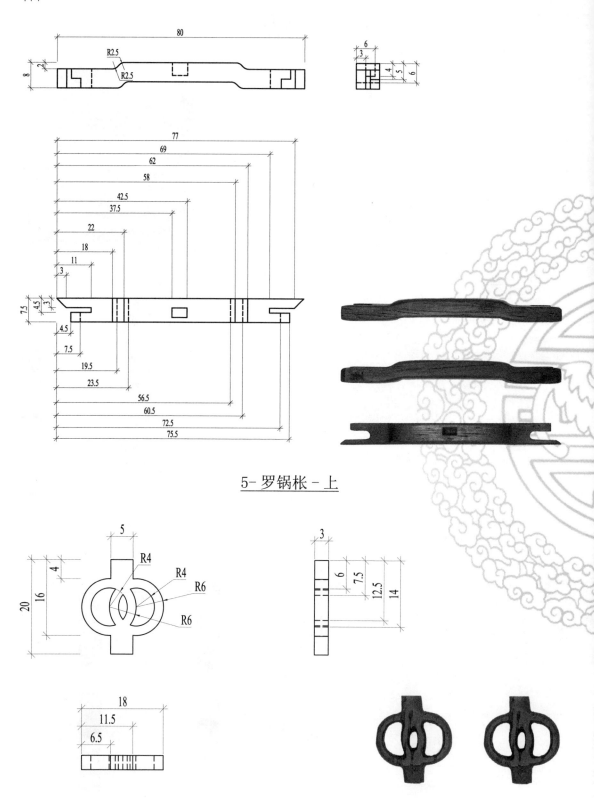

5- 罗锅枨 - 上

6- 卡子花

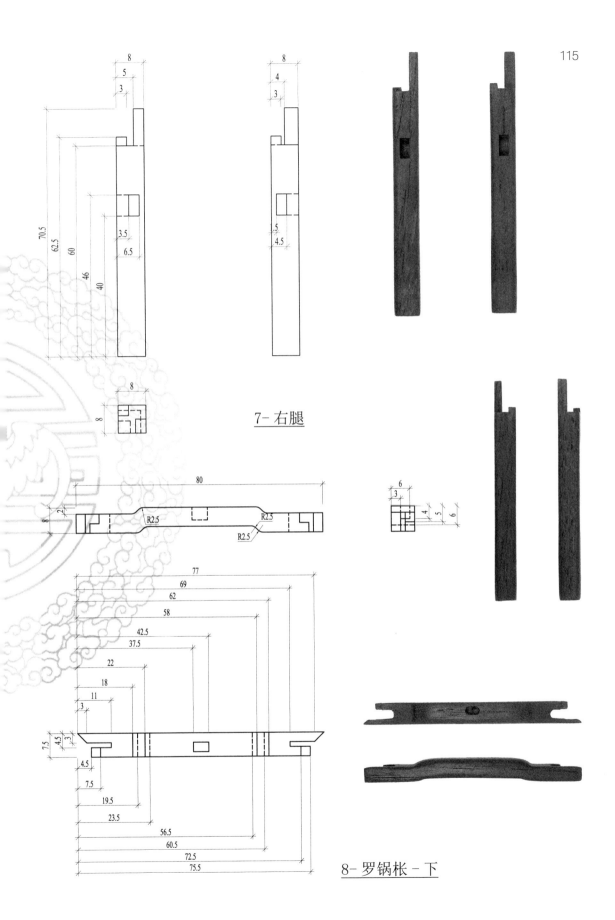

8

5

3

70.5

62.5

60

46

40

3.5

6.5

8

4

3

1.5

4.5

8

8

7- 右腿

80

2

8

R2.5

R2.5

R2.5

6

3

4

5

6

77

69

62

58

42.5

37.5

22

18

11

3

7.5

4.5

3

4.5

7.5

19.5

23.5

56.5

60.5

72.5

75.5

8- 罗锅枨 - 下

3.2.4 无束腰裹腿枨加矮老方凳 Square Stool with Legging Crossarm and Column

采用裹腿结构边抹通常都较为厚重，或采用"垛边"的做法，四根罗锅枨相交处高出腿足的表面，仿佛缠住腿，腿足、罗锅枨及矮老多采用圆材。裹腿造型显得凳子更加安稳，然而这种造型不如管脚枨结构显得稳定。

无束腰裹腿枨加矮老方凳拆解图

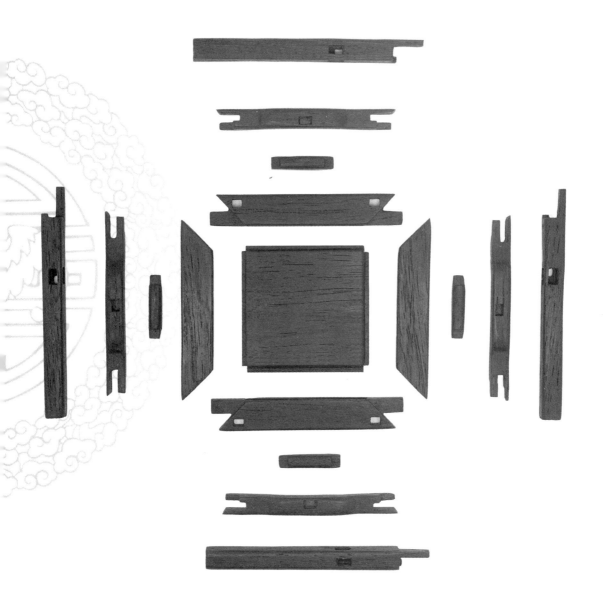

无束腰裹腿枨加矮老方凳尺寸图

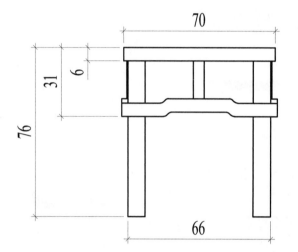

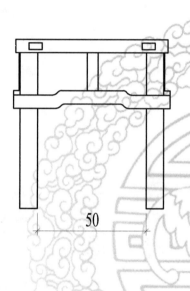

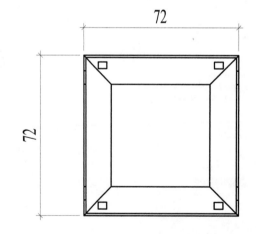

无束腰裹腿枨加矮老方凳下料单

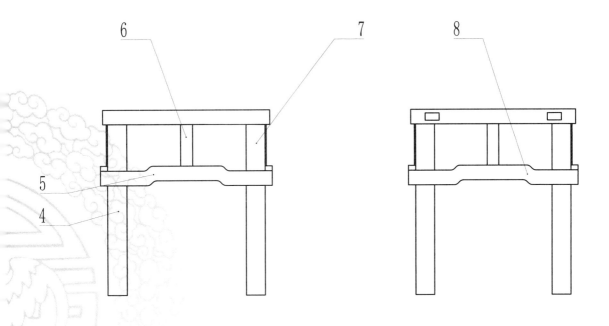

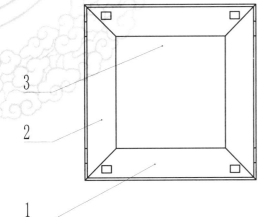

下料单

序号	名称	数量	尺寸
1	大边	2	70×12×6
2	抹头	2	70×12×6
3	面板	1	50×50×4.5
4	左腿	2	80.5×8×8
5	罗锅枨-上	2	72×8×7.5
6	矮老	4	25×5×5
7	右腿	2	80.5×8×8
8	罗锅枨-下	2	72×8×7.5

注： 1号零件长度方向下料尺寸多预留6mm。

120

无束腰裹腿枨加矮老方凳零件图

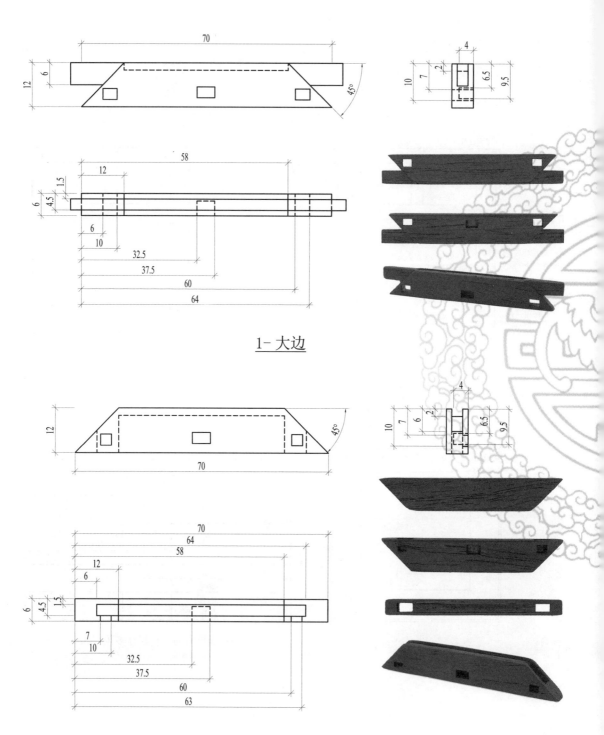

1- 大边

2- 抹头

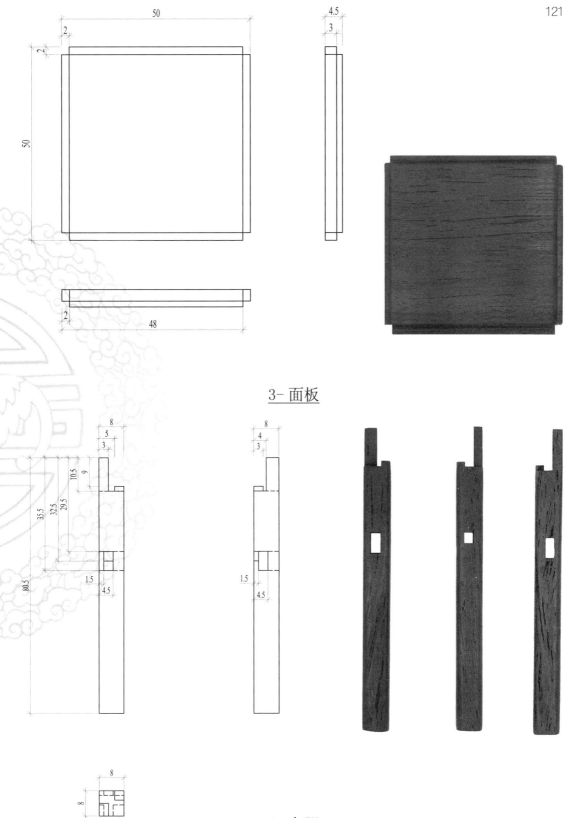

3- 面板

4- 左腿

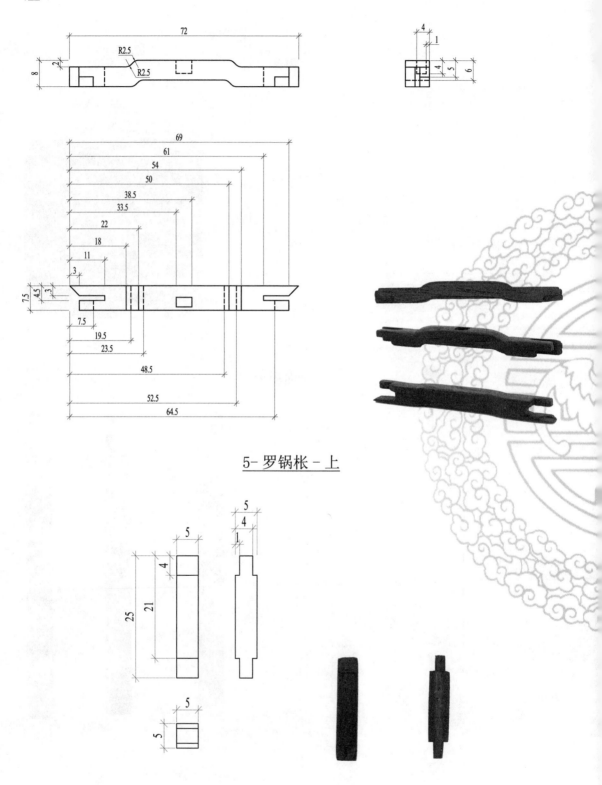

5- 罗锅枨 - 上

6- 矮老

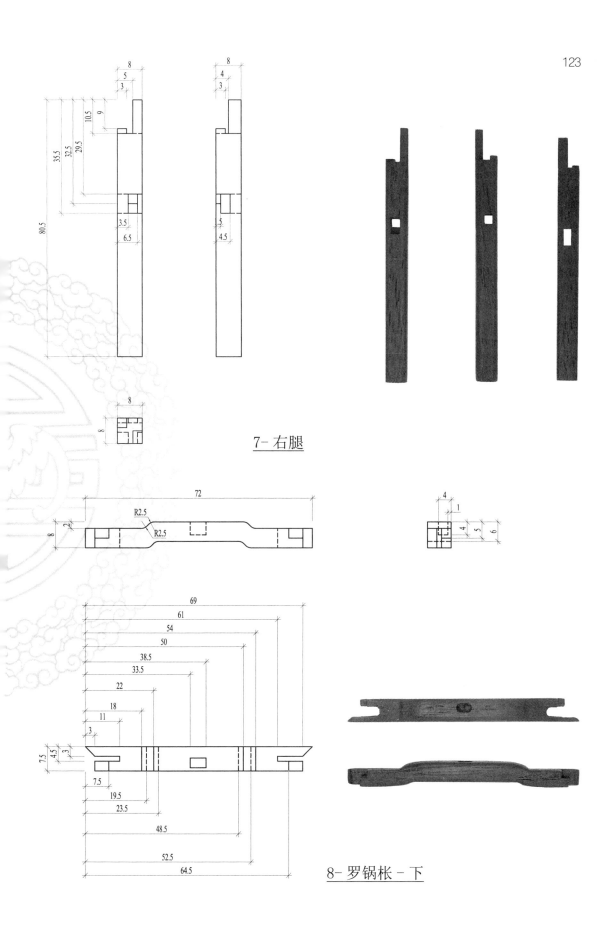

7- 右腿

8- 罗锅枨 - 下

123

3.2.5　无束腰管腿枨方凳　Square Stool with Straight Foot Crossarm

　　此凳为直腿长短榫与座面接合，配同高度直枨与矮老结构，腿足接近地面位置有同高度长短榫相接的管脚枨作为整合支撑。座面略显单薄，但是配合管脚枨则可以平衡整体结构造型的稳定性，并能够在结构上加固凳子的强度。

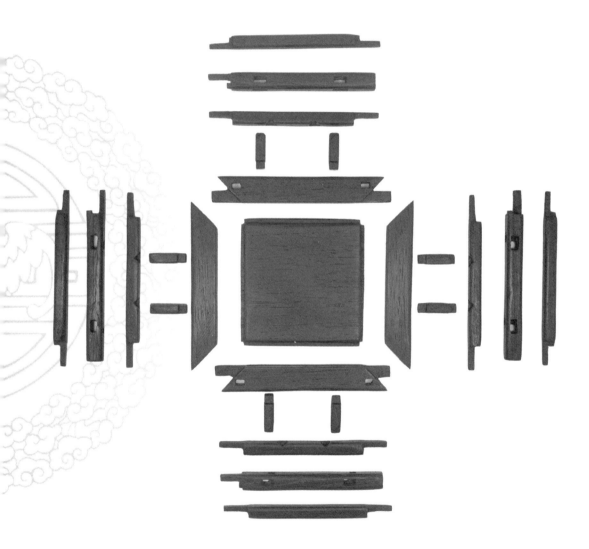

无束腰管腿枨方凳尺寸图

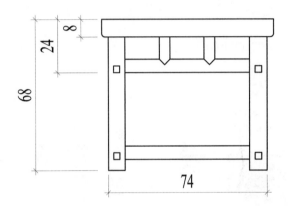

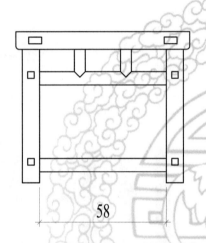

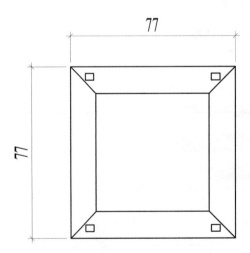

无束腰管腿枨方凳下料单

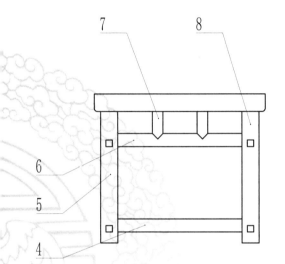

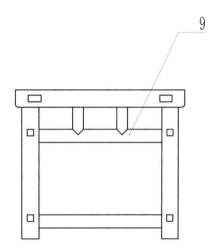

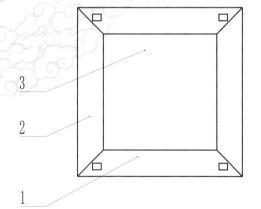

下料单

序号	名称	数量	尺寸
1	大边	2	80×12×8
2	抹头	2	80×12×8
3	面板	1	60×60×4.5
4	管脚枨	4	79×6×6
5	左腿	2	70.5×8×8
6	矮老枨-上	2	79×6×6
7	矮老	8	18×5×4.5
8	右腿	2	70.5×8×8
9	矮老枨-下	2	79×6×6

注： 1, 9 号零件长度方向下料尺寸多预留 6mm。

无束腰管腿枨方凳零件图

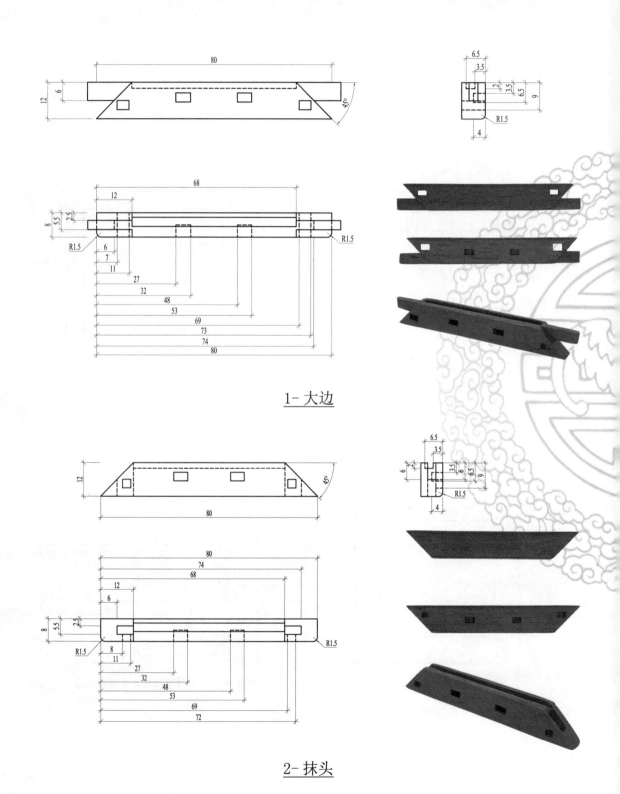

1- 大边

2- 抹头

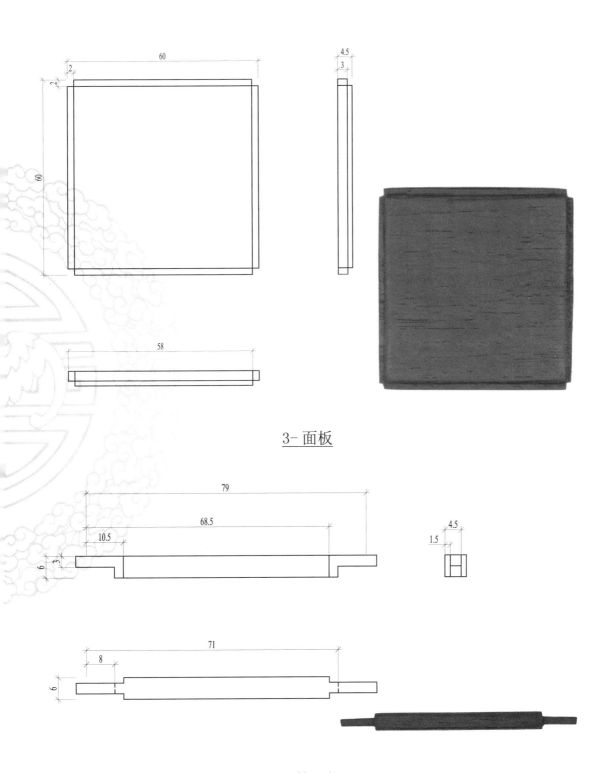

3- 面板

4- 管腿枨

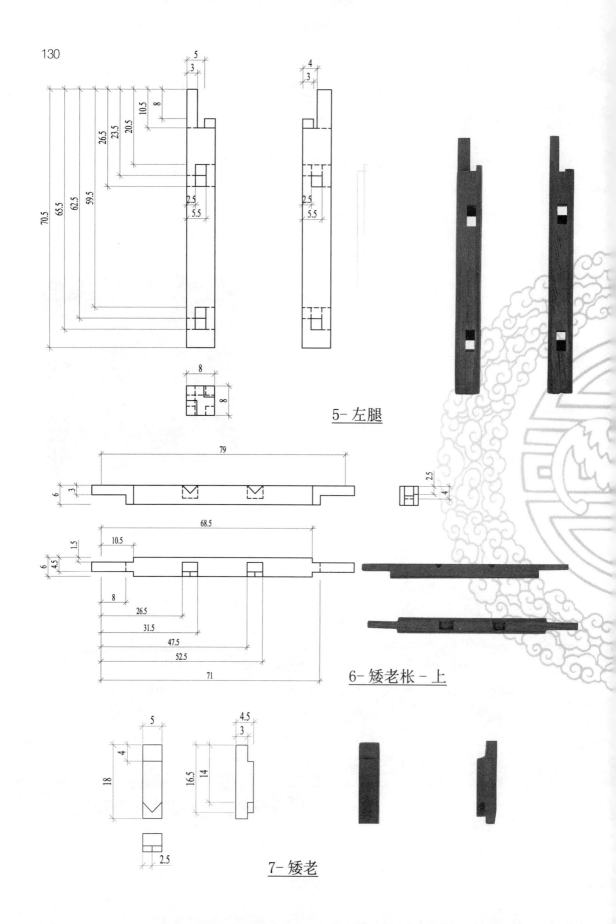

5- 左腿

6- 矮老枨 - 上

7- 矮老

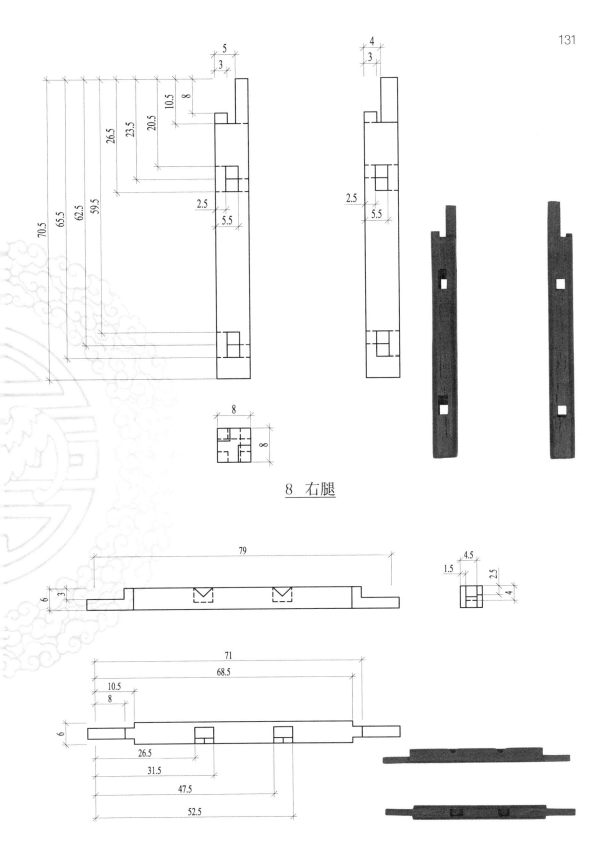

8 右腿

9- 矮老枨 - 下

3.3 鼓腿彭牙凳系列 Stool with Drum-style Leg and Rail

3.3.1 有束腰鼓腿彭牙方凳 Square Stool with Waist and Drum-style Leg

基本形式为鼓腿彭牙，边抹采用素面或简单的冰盘沿。牙子多为素牙，抱肩榫接合牙子与腿，牙子束腰连做，腿向外鼓出，弯度较大。这种结构在炕桌、床榻以及几中更多见。座面面板为落堂安装，还可以在素牙下方开槽榫再加以其他牙子进行装饰。这种结构在京作中颇为常用。

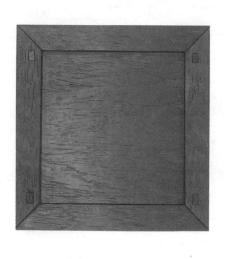

有束腰鼓腿彭牙方凳拆解图

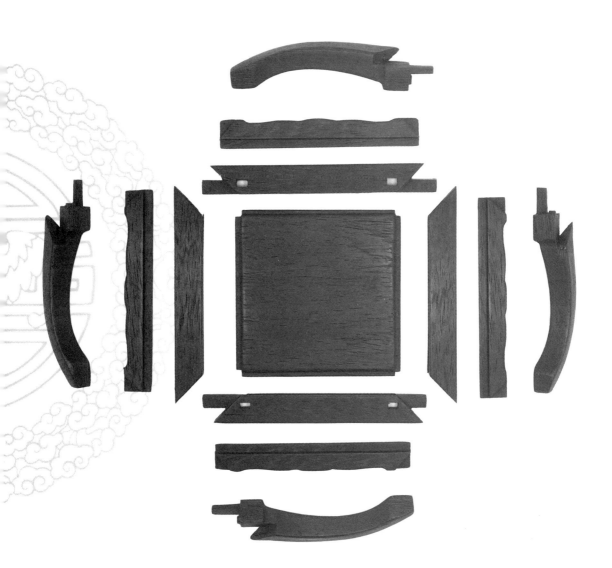

有束腰鼓腿彭牙方凳尺寸图

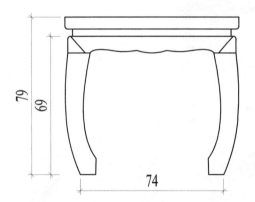

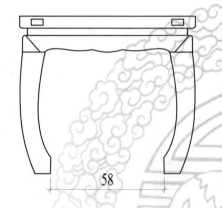

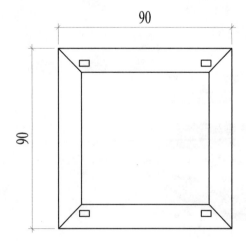

有束腰鼓腿彭牙方凳下料单

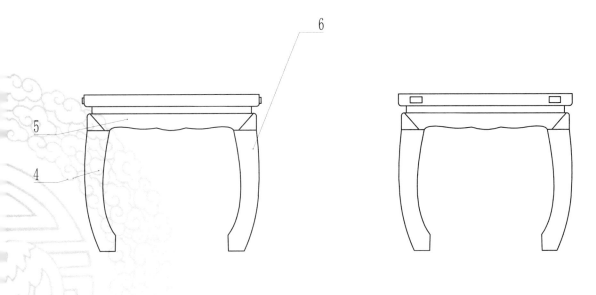

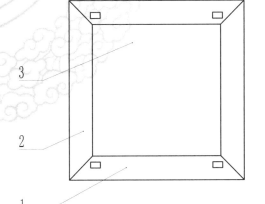

下料单			
序号	名称	数量	尺寸
1	大边	2	90×12×6
2	抹头	2	90×12×6
3	面板	1	70×70×4
4	左腿	2	81.5×16×16
5	牙板	4	83×12×4.5
6	右腿	2	81.5×16×16

注： 1号零件长度方向下料尺寸多预留6mm。

有束腰鼓腿彭牙方凳零件图

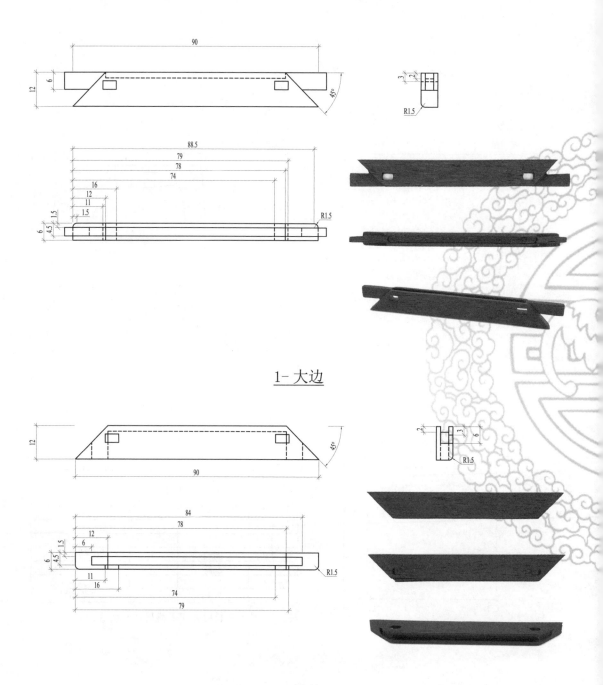

1- 大边

2- 抹头

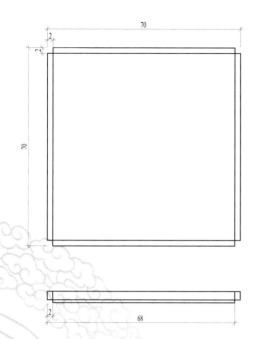

3- 面板

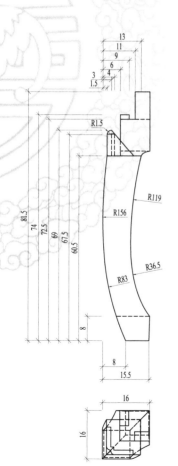

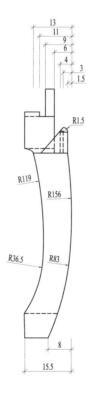

4- 左腿

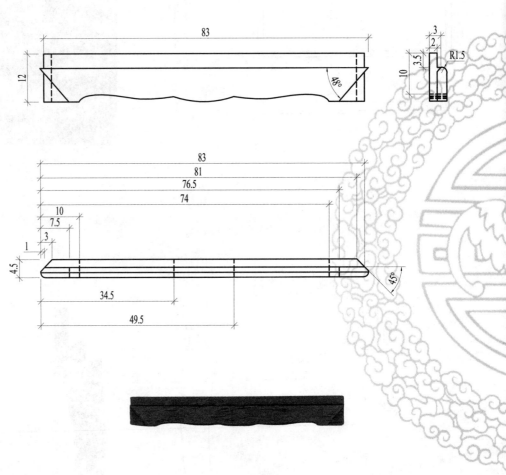

5- 牙板

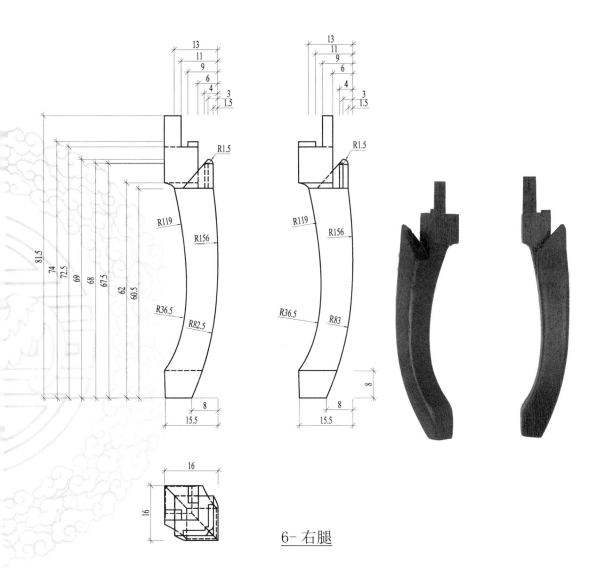

6- 右腿

3.3.2 鼓腿彭牙带托泥方凳 Square Stool with Waist, Drum-style Leg and Bottom Framework

　　基本形式为鼓腿彭牙，在鼓腿彭牙凳的基础上，在足下方施加托泥龟足结构，鼓腿彭牙凳下方内收为底，托泥的加入既加强结构的连接强度，还不占用地面空间，美观又实用。

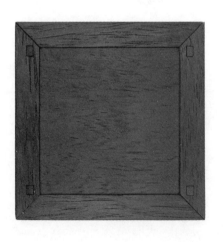

鼓腿彭牙带托泥方凳拆解图

鼓腿彭牙带托泥方凳尺寸图

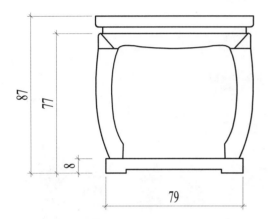

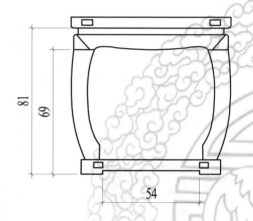

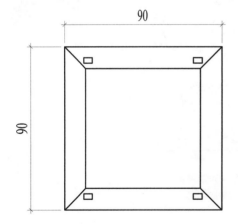

鼓腿彭牙带托泥方凳下料单

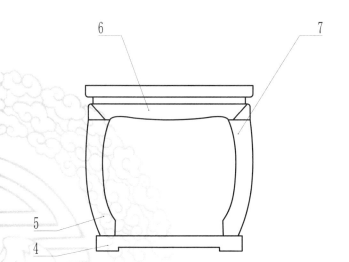

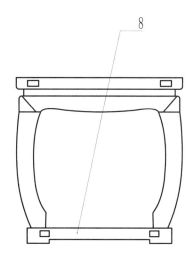

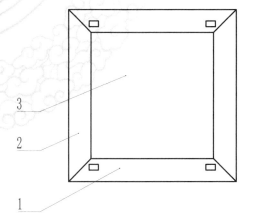

下料单			
序号	名称	数量	尺寸
1	大边	2	90×12×6
2	抹头	2	90×12×6
3	面板	1	70×70×4
4	托泥大边	2	78.5×12×8
5	左腿	2	89.5×16×16
6	牙板	4	84×12×5.5
7	右腿	2	89.5×16×16
8	托泥抹头	2	78.5×12×8

注：1,4 号零件长度方向下料尺寸多预留 6mm。

鼓腿彭牙带托泥方凳零件图

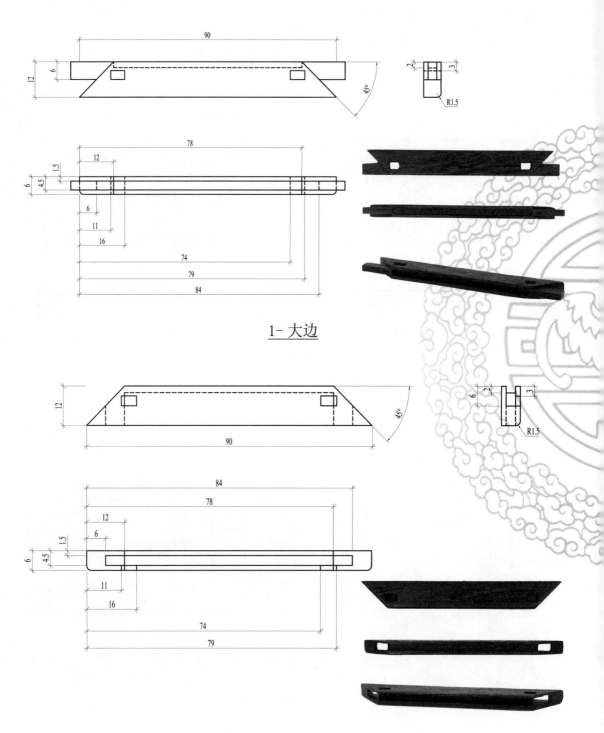

1- 大边

2- 抹头

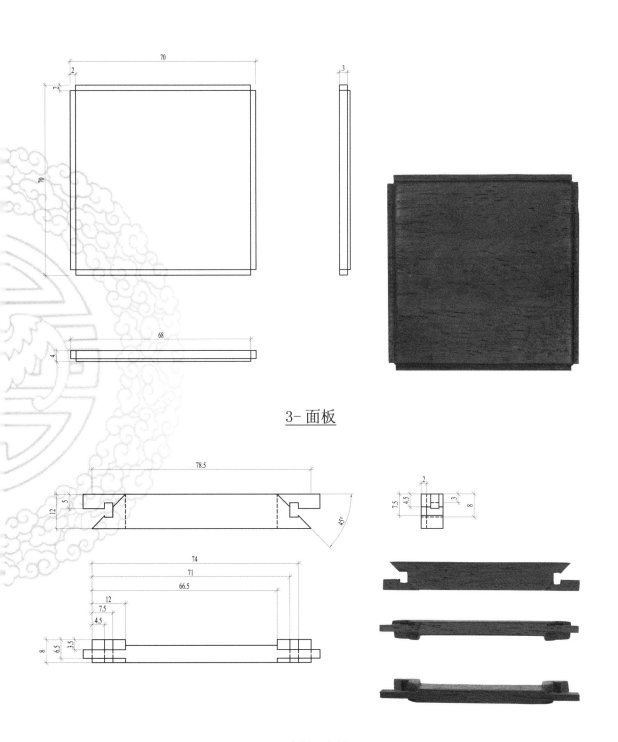

3- 面板

4- 托泥大边

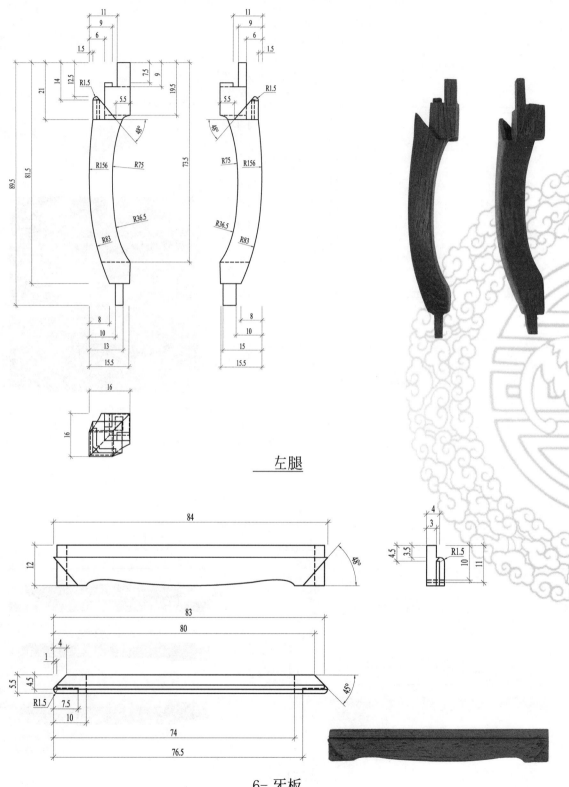

左腿

6- 牙板

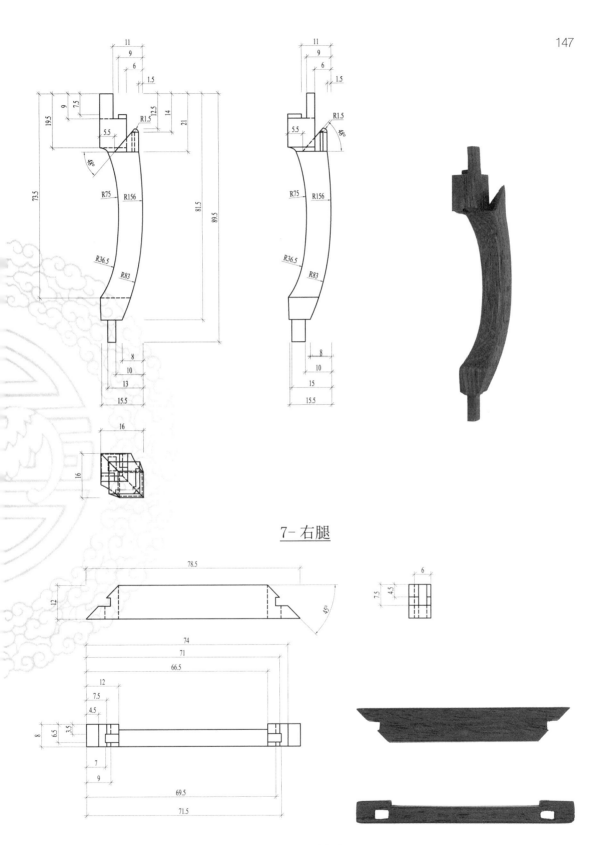

7- 右腿

8- 托泥抹头

3.3.3 鼓凳 Drum-style Stool

鼓凳因状如花鼓又名"鼓墩"。这种凳子是五代时期出现的，从《韩熙载夜宴图》和五代《宫中妇女图》可见其身影。古人喜欢在鼓墩上进行铺锦刺绣的工作，故又名"绣墩"。圆鼓做墩有四开光、五开光之分。五开光为比较流行的样式，并多为两两成对出现。圆座面采用攒框拼成圆边，中间镶嵌圆形板心，板心采用的是落堂踩鼓的做法略向外凸。五条弧形腿足两端出格肩采用插肩榫与上、下相接，构成圆鼓形腹部和五个开光。

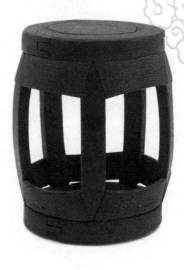

鼓凳尺寸图

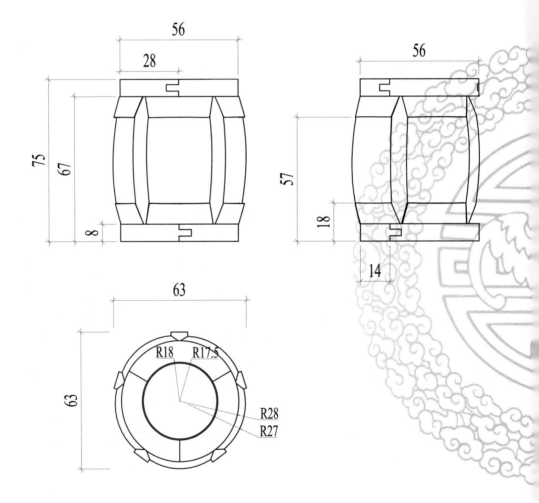

鼓凳下料单

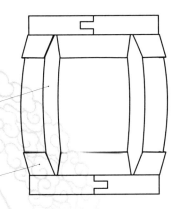

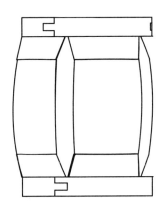

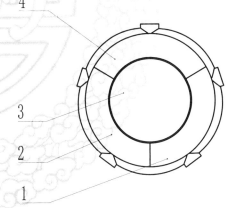

序号	名称	数量	尺寸
	下料单		
1	圆边1	2	51×22.5×8
2	圆边2	2	51×22.5×8
3	面板	1	40×40×4.5
4	圆边3	2	51×22.5×8
5	上下牙板	10	32×12×7
6	腿柱	5	66×9×8

鼓凳零件图

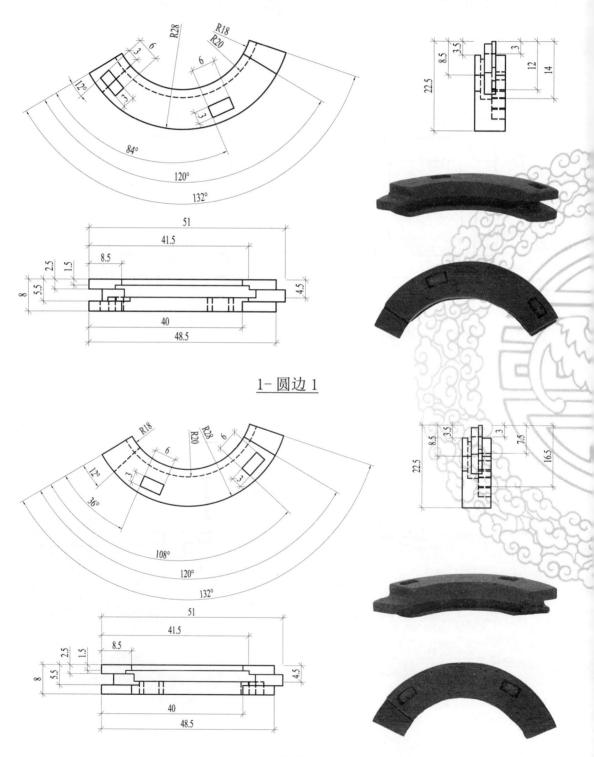

1- 圆边 1

2- 圆边 2

R17.5

R20

4.5

1.5

2.5

37.5

3- 面板

R18
R20
R28

3

3

6

12°

60°

120°

132°

22.5

8.5

3.5

2.5

3

17.5

20.5

51

41.5

8.5

2.5

1.5

8

5.5

4.5

40

48.5

4- 圆边 3

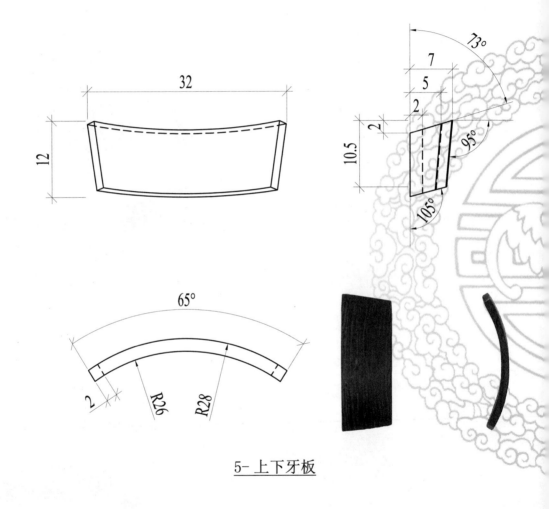

32

12

7
5
2
2
10.5
73°
95°
105°

65°

2
R26
R28

5- 上下牙板

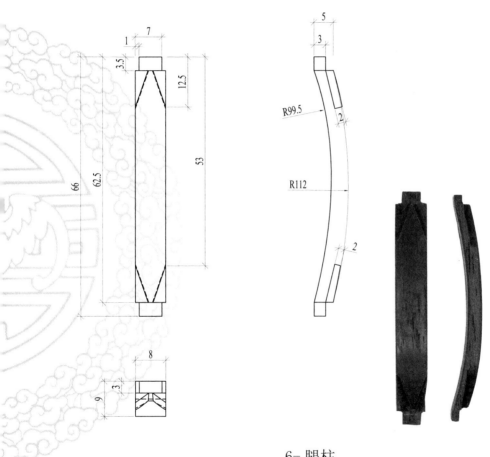

6- 腿柱

3.4 四脚八挓凳 Four-foot & Eight-angle Stool

3.4.1 夹头榫小条凳 Bench with Nipped Joint Structure

采用夹头榫结构，牙板可做吉祥图案，与四足相连接；四足呈四脚八挓样式向外劈开，腿足一般有线脚进行装饰，并在窄面有两条有带角度的横枨相连。面板一般不做大边抹头样式，而是整板四周做下内收样式，伴有线脚装饰；在宋、元画中，亦能够看到桌案有此结构。

夹头榫小条凳拆解图

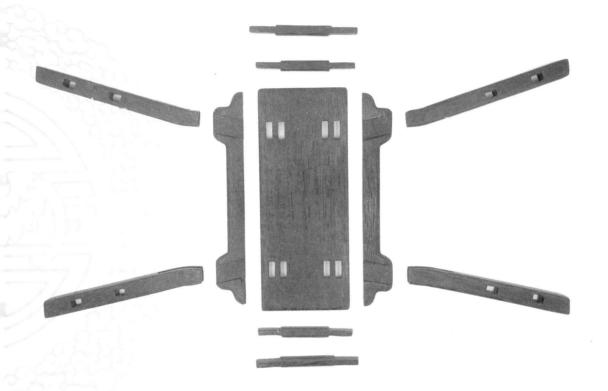

夹头榫小条凳尺寸图

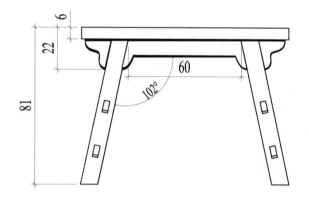

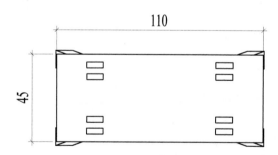

夹头榫小条凳下料单

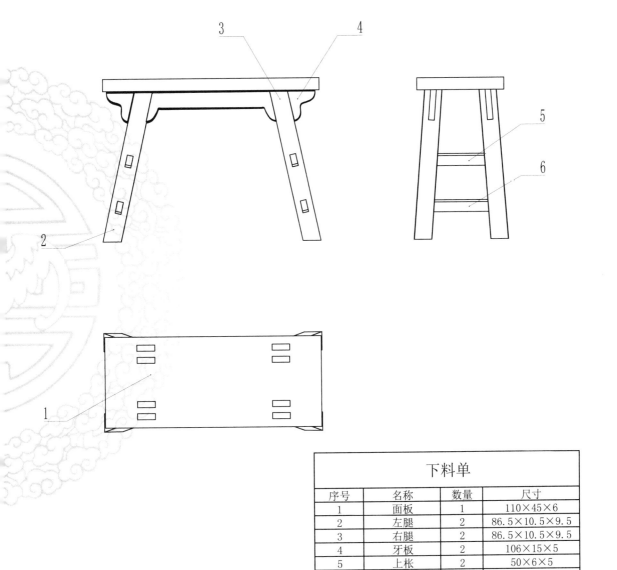

下料单

序号	名称	数量	尺寸
1	面板	1	110×45×6
2	左腿	2	86.5×10.5×9.5
3	右腿	2	86.5×10.5×9.5
4	牙板	2	106×15×5
5	上枨	2	50×6×5
6	下枨	2	54×6×5

注： 5,6号零件在下料尺寸长度方向多预留6mm。

夹头榫小条凳零件图

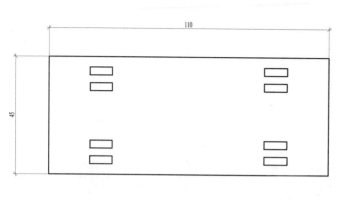

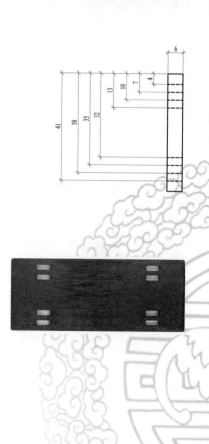

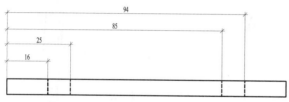

1-面板

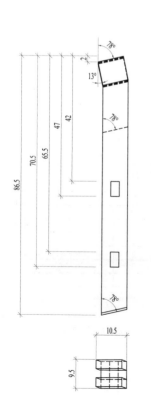

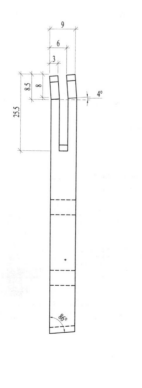

2-左腿

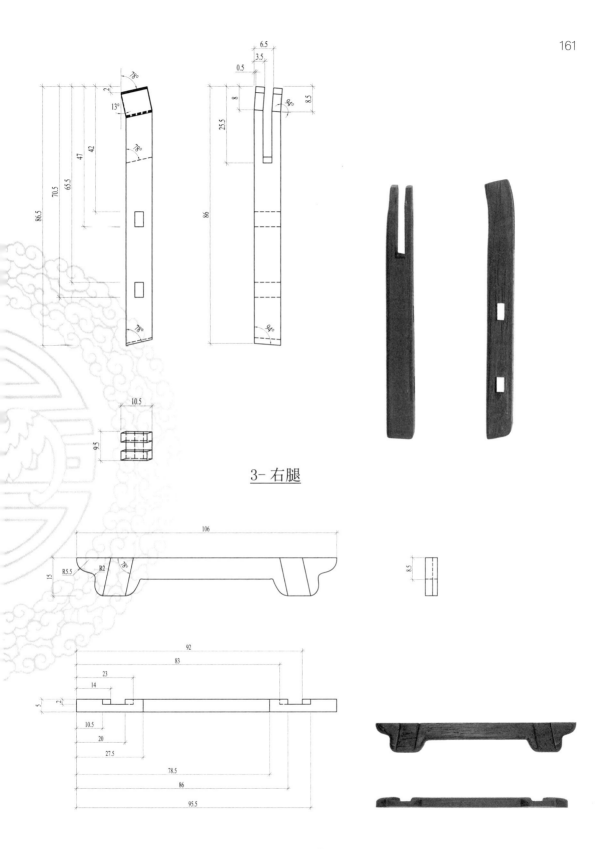

3- 右腿

4- 牙板

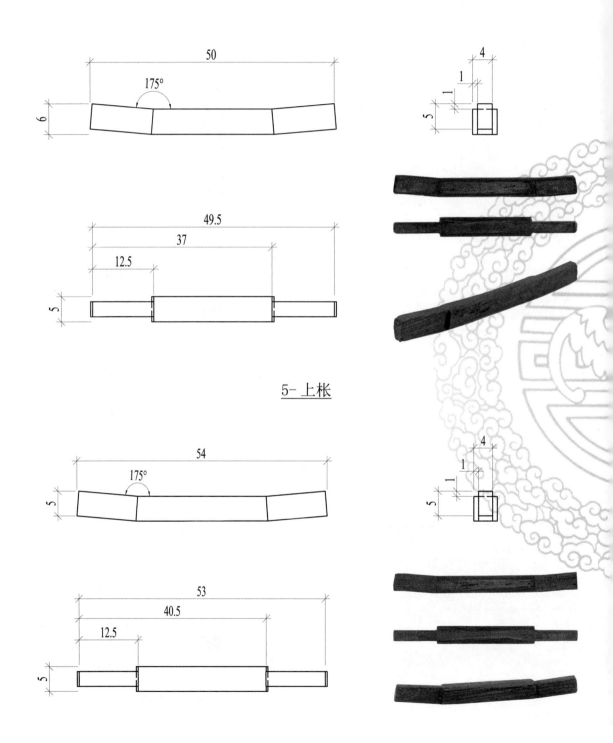

50

175°

6

4

1

1

5

49.5

37

12.5

5

5- 上枨

54

175°

5

4

1

1

5

53

40.5

12.5

5

6- 下枨

参 考 文 献

王世襄，2013．明式家具研究［M］．北京：生活·读书·新知三联书店出版社．

杨耀，2002．明式家具研究［M］．北京：中国建筑工业出版社．

马未都，2009．坐具的文明［M］．北京：紫禁城出版社．

钱谦，马雪馨，2015．浅析中国传统樟卯建筑结构对现代设计的启示［J］．中外建筑（3）：92-93．

林作新，2002．中国传统家具的现代化［J］．家具与环境（1）：4-11．

郭希孟，2014．明清家具鉴赏——榫卯之美［M］．北京：中国林业出版社．

康海飞，2009．明清家具图集1［M］．北京：中国建筑工业出版社．

刘文利，李岩，2013．明清家具鉴赏与制作分解图鉴（上下）［M］．北京：中国林业出版社．

王天龙，曹友霖，赵旭，2016．木工模型结构与制作解析——椅类［M］．北京：中国建材工业出版社．

共勉，2014．明清家具式样图鉴［M］．合肥：黄山书社．